高校数学でマスターする
電気回路

—— 水の流れで電気を実感 ——

博士（工学） 小坂　学 著

コロナ社

まえがき

　電気回路は，照明や冷蔵庫などの家電製品だけでなく，携帯電話などの通信機器，パソコンなどの情報機器，体温計などの計測器，さらにはロボットや自動車など，多くのところで使われています。ここで，もしも停電が続いたらどうなるか想像してみてください。電灯が点かないので，夜は暗くなり，エアコンはもちろん，食べ物も冷蔵保存ができなくなります。いかがでしょうか。私たちの現在の快適な生活は，電気回路によって支えられているとさえいえます。

　そんな電気回路は一体どのような仕組みになっているのでしょうか。本書は電気回路の仕組みがしっかりと理解できるよう，つぎの3編に分かれています。

(1) 【わかる編】
(2) 【ナットク編】
(3) 【役立つ編】

　【わかる編】では，電気回路の解析方法と設計方法を説明します。電気は機械と違い，目に見えないのでイメージしづらいのが欠点です。そこで，電気を水の流れでイメージして，その物理法則をしっかり実感できるようにしています。

　【ナットク編】では，わかる編でわかったことをしっかり納得するために，その理論的裏づけを行います。高校数学の知識で理解できるように丁寧に解説しています。

　【役立つ編】では，電気回路の実例と応用例を紹介します。身の回りで電気回路が実際に役立っていることを実感できるように説明しています。

　筆者は，企業のメカトロニクス技術者として10年間，大学の電気回路の教員として10年以上の間，電気回路に関係する研究と教育を続けています。この経験に基づいて，高校数学の知識で電気回路をマスターできるようにしています。

　なお，本書の内容の一部は文部科学省私立大学戦略的研究基盤形成支援事業の（平成24年～平成26年）助成を受けました。

2015年3月

小坂　学

目　　　次

── Part I【わかる編】──

1. 電気回路と水の流れを「わかる」

1.1 抵抗 R と水の流れ ･･･ *1*
　　1.1.1 電力と電力量とは ･････････････････････････････････ *4*
　　1.1.2 抵抗のエネルギー ･････････････････････････････････ *5*
　　1.1.3 ア　ー　ス ･･･････････････････････････････････････ *5*
　　1.1.4 キルヒホッフの法則 ･･･････････････････････････････ *6*
　　1.1.5 抵抗の直列接続と並列接続 ･････････････････････････ *8*
1.2 コイル L と水の流れ ･････････････････････････････････････ *14*
　　1.2.1 コイルの物理法則 ････････････････････････････････ *14*
　　1.2.2 コイルは水車と同じ ･･････････････････････････････ *17*
　　1.2.3 コイルの抵抗値 ･･････････････････････････････････ *18*
　　1.2.4 コイルのエネルギー ･･････････････････････････････ *19*
1.3 コンデンサ C と水の流れ ････････････････････････････････ *20*
　　1.3.1 コンデンサの物理法則 ････････････････････････････ *20*
　　1.3.2 コンデンサはゴム風船と同じ ･･････････････････････ *21*
　　1.3.3 コンデンサの抵抗値 ･･････････････････････････････ *22*
　　1.3.4 コンデンサのエネルギー ･･････････････････････････ *24*
1.4 RLC と水の流れのまとめ ････････････････････････････････ *25*
1.5 電　気　の　単　位 ･･････････････････････････････････････ *25*
1.6 電気回路図の記号 ･･ *27*
1.7 抵抗・コイル・コンデンサの外観と読み方 ････････････････ *29*
　　1.7.1 カラーコードの読み方 ････････････････････････････ *29*
　　1.7.2 コンデンサとコイルの読み方 ･･････････････････････ *30*

2. 直流回路を「わかる」

- 2.1 電圧計・電流計・オーム計 ……………………………… *32*
  - 2.1.1 電　流　　　計 ……………………………………… *32*
  - 2.1.2 電　圧　　　計 ……………………………………… *33*
  - 2.1.3 オ　ー　ム　計 ……………………………………… *35*
  - 2.1.4 ブリッジ回路 ………………………………………… *35*
- 2.2 電　　　　　池 …………………………………………… *38*
  - 2.2.1 電池の内部抵抗 ……………………………………… *39*
  - 2.2.2 電池の直列接続 ……………………………………… *40*
  - 2.2.3 電池の並列接続 ……………………………………… *41*
- 2.3 キルヒホッフの法則による回路解析 …………………… *42*
  - 2.3.1 電流源と電圧源の等価な変換 ……………………… *42*
  - 2.3.2 網　目　解　析 ……………………………………… *44*
  - 2.3.3 節　点　解　析 ……………………………………… *48*
- 2.4 電気回路の他の定理 ……………………………………… *50*
  - 2.4.1 重ね合わせの原理 …………………………………… *50*
  - 2.4.2 鳳・テブナンの定理 ………………………………… *53*
  - 2.4.3 ノートンの定理 ……………………………………… *54*
- 2.5 直流回路の電力 …………………………………………… *54*
  - 2.5.1 RLC の消費電力 …………………………………… *54*
  - 2.5.2 RLC のエネルギー ………………………………… *55*
  - 2.5.3 抵抗の発熱による水温上昇 ………………………… *57*
  - 2.5.4 RLC の定格など …………………………………… *57*

3. 交流回路を「わかる」

- 3.1 正弦波交流回路の解析 …………………………………… *59*
  - 3.1.1 正弦波交流とは ……………………………………… *59*
  - 3.1.2 正弦波交流と RLC ………………………………… *64*
  - 3.1.3 複　素　数　表　示 ………………………………… *65*

3.1.4　RL 直列回路 ……………………………………… 70
3.1.5　RC 直列回路 ……………………………………… 72
3.1.6　RL 直列回路と RC 直列回路によるフィルタ …………… 73
3.1.7　RLC 直列回路（直列共振回路）…………………… 77
3.1.8　RLC 並列回路（並列共振回路）…………………… 83
3.1.9　実際の RLC 並列回路（並列共振回路）………… 85
3.2　交流回路の電力 …………………………………………… 88
3.2.1　実　効　値 ……………………………………………… 91
3.2.2　正弦波交流の平均値 …………………………………… 92
3.3　変　圧　器 ………………………………………………… 93

4.　三相交流回路を「わかる」

4.1　三相交流回路の解析 ……………………………………… 96
4.1.1　Y 結線の電圧と電流 …………………………………… 97
4.1.2　Δ 結線の電圧と電流 …………………………………… 100
4.2　Y 結線と Δ 結線の変換 ………………………………… 101
4.3　三相交流回路の電力 ……………………………………… 102

5.　二端子対回路を「わかる」

5.1　二端子対回路とは ………………………………………… 107
5.2　Z パラメータ ……………………………………………… 108
5.2.1　Z パラメータとは ……………………………………… 108
5.2.2　Z パラメータと直列接続 ……………………………… 110
5.3　Y パラメータ ……………………………………………… 113
5.3.1　Y パラメータとは ……………………………………… 113
5.3.2　Y パラメータと並列接続 ……………………………… 116
5.4　h パラメータ ……………………………………………… 118
5.5　F パラメータ ……………………………………………… 119
5.5.1　F パラメータとは ……………………………………… 119
5.5.2　F パラメータと縦続接続 ……………………………… 120
5.6　相　反　性 ………………………………………………… 122

| 5.6.1　相反性とは·· 122
| 5.6.2　相反性とパラメータ·· 123

── Part II【ナットク編】──

6. わかる編を理論的に裏づけて「ナットク」する

6.1　高校数学とその応用を「ナットク」する ····························· 124
 6.1.1　一次方程式とベクトル ··· 124
 6.1.2　連立一次方程式と行列 ··· 125
 6.1.3　行列の足し算と引き算 ··· 126
 6.1.4　行列の定数倍 ··· 127
 6.1.5　行列の掛け算 ··· 127
 6.1.6　1の行列 ·· 129
 6.1.7　行列の割り算 ··· 129
 6.1.8　三角関数 ··· 132
 6.1.9　複素数 ··· 134
 6.1.10　オイラーの公式 ·· 138
6.2　2章の直流回路を「ナットク」する ··································· 139
 6.2.1　重ね合わせの原理の証明 ······································· 139
 6.2.2　鳳・テブナンの定理の証明 ····································· 141
6.3　3章の交流回路を「ナットク」する ··································· 143
 6.3.1　共振の鋭さ Q と角周波数 ···································· 143
 6.3.2　瞬時電力 $p(t)$ の平均値などの計算 ··························· 145
 6.3.3　複素数表示と有効電力・無効電力・皮相電力 ····················· 146
 6.3.4　正弦波交流の平均値 ··· 147
6.4　4章の三相交流回路を「ナットク」する ······························· 147
 6.4.1　位相が120°ずつずれた正弦波の和がゼロになることの証明 ···· 148
 6.4.2　三相交流のY結線の線間電圧と相電圧 ··························· 148
 6.4.3　三相交流のΔ結線の相電流と線電流 ····························· 150
6.5　5章の二端子対回路を「ナットク」する ······························· 151

── Part III【役立つ編】──

7. これまで学んだ電気回路が「役立つ」

- 7.1 直流回路が役立つ ·· *154*
  - 7.1.1 電気ポットで水が沸く時間 ································· *154*
  - 7.1.2 ひずみゲージとブリッジ回路によるひずみ計測 ······· *155*
- 7.2 交流回路が役立つ ·· *158*
  - 7.2.1 直列共振回路によるテレビやラジオの選局への応用 ······· *158*
  - 7.2.2 変 圧 器 と 送 電 ······································· *159*
- 7.3 三相交流が役立つ ·· *162*
- 7.4 二端子対回路が役立つ ··· *163*
- 7.5 伝送で役立つインピーダンス整合 ····································· *165*
  - 7.5.1 供給電力の最大化 ·· *165*
  - 7.5.2 電源が内部抵抗 r をもつとき ···························· *165*
  - 7.5.3 電源が出力インピーダンス Z をもつとき ··············· *167*
  - 7.5.4 インピーダンス変換 ··· *168*
- 7.6 ノイズ除去で役立つフィルタ ··· *170*
  - 7.6.1 フィルタとは ·· *170*
  - 7.6.2 RC 直列回路と RL 直列回路による LPF と HPF ······· *173*
  - 7.6.3 RC 直列回路と RL 直列回路による他のフィルタ ······· *173*
  - 7.6.4 ツイン T ノッチフィルタ ··································· *175*

引用・参考文献 ·· *178*
索　　　引 ··· *179*

─ Part I【わかる編】─

1 電気回路と水の流れを「わかる」

本編では，電気回路を解析する方法を理解しよう。

電気回路の応用例は，照明，炊飯器，エアコン，テレビ，パソコン，ケータイ，ロボット，自動車などたくさんある。また，電気回路は工学の最も基礎となる技術の一つであり，その応用は計測工学，工学実験，制御工学，フィルタ，電力工学，ロボット工学，自動車工学など多岐にわたる。

物質を分割し続けると，これ以上の分割が困難な粒になる。この粒を原子という。原子は原子核と電子からなる。電子が移動すると電気が流れる。この電気の流れを**電流**（current）という。電気を流そうとする圧力を**電圧**（voltage）という。銅やアルミニウムの電子は自由に移動することができる。この性質をもつ物質を**導体**（conductor）といい，導体でつくられた線を**導線**（conducting wire）という。空気やガラスの電子は自由に移動できない。この性質をもつ物質を**絶縁体**（insulator）という。絶縁体に非常に大きな電圧がかかると突然，電気が流れる。例えば雷がそうである。電気の流れと水の流れは似ている。そこで，電気回路を水の流れに置き換えてイメージしよう。

1.1 抵抗 R と水の流れ

図 1.1 に豆電球の電気回路と，その電気の流れを水の流れに置き換えた例を示す。豆電球は，電気的には**抵抗**（resistance，**電気抵抗**）という素子の性質をもつ。電圧 V を抵抗にかけたときに流れる電流を I とする。乾電池を増やして

1. 電気回路と水の流れを「わかる」

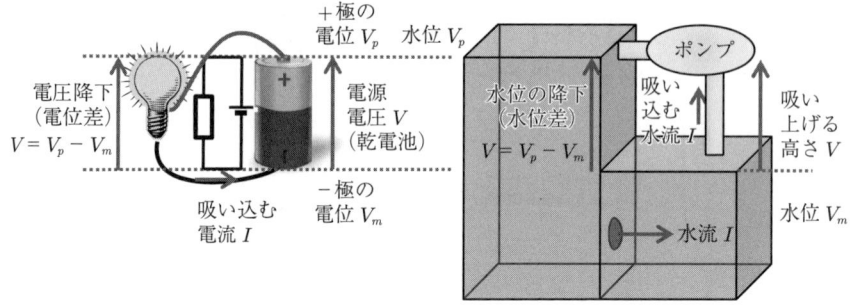

(a) 豆電球の回路と回路図　　(b) 豆電球回路の水の流れへのたとえ

図 1.1　電気と水の流れの類似性

V を変えたときの I を測り，グラフを書くと V と I とは比例する。比例定数を R とすると

$$\text{オームの法則}\quad V = RI \tag{1.1}$$

となる。1826 年にドイツのオームが公表したので，**オームの法則**（Ohm's law）という。比例定数 R は抵抗の値である（抵抗を表す記号としても R をよく用いる）。

オームの法則を水の流れに置き換えて，そのイメージをつかもう。図 1.1（b）の二つの水槽を考える。**電源**（power supply, 乾電池）は水のポンプに相当し，右の水位 V_m の水槽の水を，左の水位 V_p の水槽まで吸い上げる。その水位差 V は

$$\text{水位差}\quad V = V_p - V_m \tag{1.2}$$

である。図（b）の水位差の場合，水が左から右の水槽に流れようとする圧力が水槽間に発生する。これを水圧という。電気回路では，水位を**電位**（potential），水位差を**電位差**（potential difference），水圧を電圧という。電気では電位差と電圧とは等しい単位である。一つの水槽内の水位は当然，どこでも等しい。同じように一つの導線の電位はどこでも等しい。電気回路図の電位差を表す矢印は，低いほうから高いほうに向けて書く。また，本書では，一定の値の物理量を表す記号は大文字のアルファベットを，変化する場合は小文字を用いる（例外

もある)。電源には導線とつなげる部分が二つある。これら二つのうち，電位が低いほうをマイナス極，高いほうをプラス極という。マイナス極の電位 V_m を0とすることが多いが，どこの電位を0にとっても電位差 V は変わらない。水位 V_p から水位 V_m の間は仕切り板で隔てられてるが，板の円の部分は目の細かい布であり，水圧がかかれば水が押し流れる。<u>水流 I は，流れる水の速さであり，電流 I に相当する</u>。抵抗である豆電球は仕切り板の布に相当し，電流が流れると光る。

水位差 V がゼロのときは水が流れないので水流 I もゼロである。そして水位差 V が大きくなるほど，水流 I も大きくなる。つまり，V と I とは比例することをイメージできる。その比例定数を R とすると，オームの法則になる。

非常に大きな水圧をかけると，布が破れて I が非常に大きくなる。電気も同じで非常に大きな電圧をかけると，抵抗が壊れて大電流が流れる。水の流れでは，抵抗は仕切り板の布の水の流れにくさであり，水流に対する摩擦と考える。例えば V が一定のとき，仕切り板の布部分の円を小さくして抵抗 R が10倍になると，流れる電流 I が減って $\frac{1}{10}$ 倍になる。つまり抵抗が大きいほど電流が流れにくくなる。

以上の電気から水の流れへの置換えをまとめる。

置換え1：電圧 V は水圧（単位面積当りの水を流す"力"）
置換え2：電流 I は流れる水の**速さ**
置換え3：抵抗 R は水の流れに対する**摩擦**で，オームの法則 $V = RI$ が成立

これらによって電気回路を水の流れに置き換えてイメージしてほしい。ただし，つぎの点で電気と水の流れとは異なるので，注意が必要である。

注意1：水の質量はゼロ（電気は電子の移動であり，電子の質量が非常に小さいため）
注意2：水槽の水位（水圧）が変わっても中の水の体積は変化しない（導線から出る電子の数と入る数とは等しく，導線内の電子の数が変化しないため）

注意2について，図1.1(b)では左の水槽のほうが体積が大きいが，これは電

気ではありえない．実は，水槽よりも，パイプの中を水が流れるモデルのほうが実際の電気に近い．なぜならパイプの中の水の体積は変わらないため，注意2を満足するからである．しかしパイプの図では水圧がわからない．水槽モデルでは水圧を水面の高さで視覚的にわかりやすく表現できる．

オームの法則 $V = RI$ とよく似た機械系の物理法則として粘性摩擦力がある．

水圧 V は**粘性摩擦力** f，

水流 I は速度 v，

水の流れにくさ R は**粘性摩擦係数** d

として，$V = RI$ に代入すると，つぎの粘性摩擦力の式が得られる．

$$V = RI \quad \rightarrow \quad 粘性摩擦力\ f = dv \tag{1.3}$$

水鉄砲は出る水の速度と，棒を押す力とが比例するので，粘性摩擦力を発生する．ダンパも同じ仕組みで，ばねとともに自動車のサスペンションとして用いる．サスペンションは車体とタイヤの間に取り付けられ，タイヤの振動を吸収して車体が揺れないようにする働きがある．

1.1.1 電力と電力量とは

物体に一定の力 f を加えたことによって，変位 x だけ移動したときの**仕事** E は

$$E = fx \tag{1.4}$$

である．仕事をする能力を**エネルギー**（energy）といい，E の仕事をするためにエネルギーが E だけ必要である．仕事 E の時間微分を**仕事率** P という．E が一定ならば P は1秒になす仕事である．式 (1.4) より

$$P = \frac{d}{dt}E = \frac{d}{dt}(fx) = f\frac{d}{dt}x \quad \leftarrow f\ は一定$$

$$\therefore\ P = f\dot{x} \quad \leftarrow \frac{d}{dt}x\ を\ \dot{x}\ と書いた \tag{1.5}$$

となる。$P = f\dot{x}$ に p.3 の電気への置換え「力 $f \to$ 電圧 V」,「速さ $\dot{x} \to$ 電流 I」をすると

$$\text{電力 } P = VI \tag{1.6}$$

となる。電気では仕事率のことを**電力**（power），仕事のことを**電力量**（electric energy）という。P は E の時間微分なので，E は P の時間積分である。時刻 0 から T まで P を積分するとつぎのようになる。

$$\text{電力量（エネルギー）} E = \int_0^T P\,dt \tag{1.7}$$

1.1.2 抵抗のエネルギー

式 (1.6) の V にオームの法則 $V = RI$ を代入すると抵抗の電力を得る。

$$\text{抵抗の電力 } P = RI^2 \tag{1.8}$$

この P を式 (1.7) に代入すると抵抗の電力量（エネルギー）を得る。

$$E = \int_0^T RI^2 dt \tag{1.9}$$

電気ストーブや湯沸かし器などのヒータは電気回路では抵抗であり，電気エネルギーを熱エネルギーに変換する。抵抗自身が耐えられる限界の電力を**定格電力**（rated power）という。定格電力を超える電力が加わると，抵抗値が変化し，ひどい場合は破損したり燃えたりしてしまう。

1.1.3 アース

大地の電位を 0 とすることが多く，そうすることを**アース**（earth，**接地**，グランド）するという。濡れた人体は電気をよく通すため，電位差をもつ部分に接触すると感電して危険である。濡れた床に裸足で触れ，洗濯機の濡れた部分に手を触れたとき，もしも洗濯機と床の間に電位差があると感電してしまう。洗濯機の金属部分に接続した導体を地中に埋め込むことをアース接続という。床

に触れている人体は大地と同じ電位なので，アース接続によって人体との電位差をなくし，感電を防ぐことができる。

三つの穴がある電源コンセントには，アース接続されたアース線がつながっている。日本の電源コンセントの電圧は 100 V だが，世界の多くの国では 200 V 以上であるので，アースしなければ大事故につながることが多い。

1.1.4 キルヒホッフの法則

キルヒホッフの法則（Kirchhoff's law）は，1845 年にドイツのキルヒホッフが実験して発見した。この法則は，あらゆるすべての電気回路で成立する。また，この法則はマクスウェル方程式から導かれることが知られている。

図 1.2 (a) の電気回路を，水の流れに置き換えた図 (b) の水流モデルで，キルヒホッフの法則を理解しよう。

〔1〕 **キルヒホッフの電流則**　　図 (a) の回路の黒丸●の箇所では，導線が枝分かれしている。この箇所（および，そこにつながっている導線すべて）を**節点**（node）という。図 (b) の水流モデルでは，真ん中の水槽が節点である。いま，真ん中の水槽の水位が一定のとき，R_1, R_2 から流れ込む水流の合計 $I_1 + I_2$ と，R_3 から流れ出す水流 I_3 とは等しい。もしそうでなければ真ん中の水槽の水位が変化してしまうからである。つまり図 1.2 では

$$I_1 + I_2 = I_3$$

が成り立つ。これを電気に当てはめると

> 節点に流れ込む電流の合計 = その節点から流れ出す電流の合計

が成り立つ。これを**キルヒホッフの電流則**（Kirchhoff's current law）または第 1 法則といい，すべての節点で成立し，枝分かれが二つ以上あっても成立する。

電気の場合，水槽内の水の体積に相当する量は，導線の枝分かれした部分の電子の数であり，変化しない（p.3 の注意 2）。そのため，電位が変化している<u>過渡状態であっても，電流則は成立</u>する。

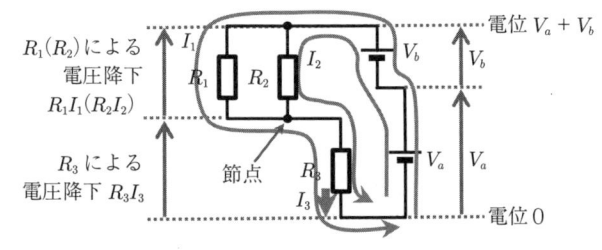

(a) 電気回路

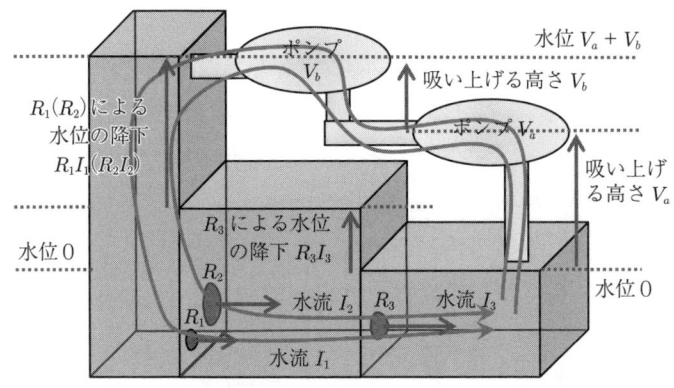

(b) 同じ水流モデル

図 1.2 水の流れとキルヒホッフの法則

〔2〕 **キルヒホッフの電圧則**　図 1.2(a) の回路の I_1 と I_2 とは，回路内の経路をぐるっと一巡している。これらの一巡する経路を**ループ**（loop, 閉路）といい，そのループを流れる電流 I_1, I_2 を**ループ電流**（loop electric current）という。図 1.2(b) の水流モデルで，I_1 のループをたどると，ポンプで吸い上げた水位の分だけ抵抗を通るときに水位が下がってポンプに戻っている。つまり，ポンプが吸い上げた高さの合計 $V_a + V_b$ と，抵抗を通る前後の水位の降下の合計とは等しいことがわかる。これを電気回路に当てはめると

電位差の合計＝ループ上の負荷の電圧降下の合計

が成り立つ。これを**キルヒホッフの電圧則**（Kirchhoff's voltage law）または第 2 法則といい，すべてのループで成立する。ループ電流 I_1 の場合，R_1 には

I_1 が，R_3 には I_3 が流れているので，オームの法則を適用すると，R_1，R_3 の電圧降下はそれぞれ $R_1 I_1$，$R_3 I_3$ である．ゆえに

$$V_a + V_b = R_1 I_1 + R_3 I_3 \tag{1.10}$$

が成り立つ．

1.1.5 抵抗の直列接続と並列接続

ここでは，抵抗を直列に接続した場合と，並列に接続した場合の全体の抵抗の値（**合成抵抗**（combined resistance）という）の求め方を学ぶ．

〔1〕**直 列 接 続** 図 1.3 (a) に抵抗 R_1，R_2 の豆電球を直列に接続した回路を，図 (b) にその水流モデルを示す．乾電池の電源電圧は V，R_1 の電圧

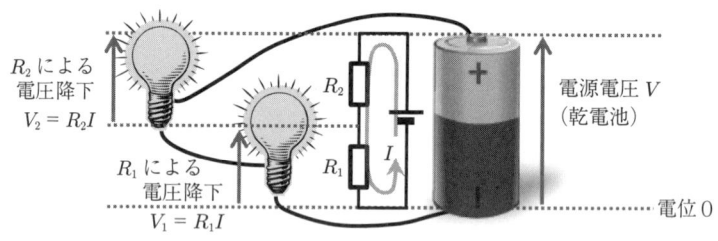

(a) 豆電球の電気回路

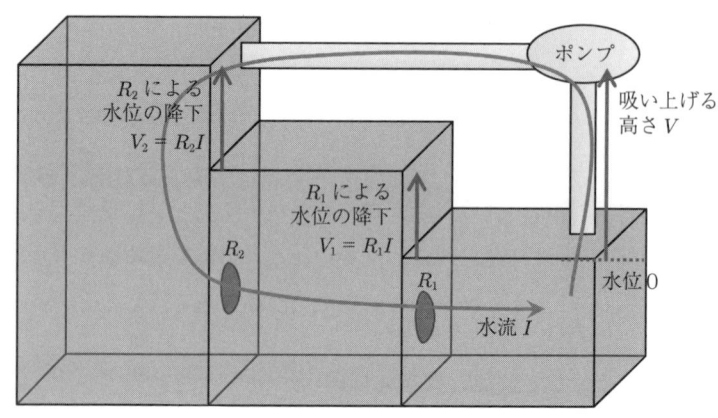

(b) 同じ水流モデル

図 **1.3** 負荷の直列接続とその水流モデル

降下は V_1, R_2 の電圧降下は V_2 とする。この回路にはループ（一巡する経路）が一つだけあり，そのループを流れる電流を I とする。I のループに対してキルヒホッフの電圧則（p.7）を用いると，つぎのことがいえる。

$$\text{直列接続の電圧は和 } V = V_1 + V_2 \tag{1.11}$$

ループ電流は I だけなので，R_1 を流れる電流 I_1 と，R_2 を流れる電流 I_2 とはともに I である。つまり

$$\text{直列接続の電流は等しい } I_1 = I_2 = I \tag{1.12}$$

よってオームの法則より

$$V_1 = R_1 I \tag{1.13}$$

$$V_2 = R_2 I \tag{1.14}$$

が成り立つ。これらを式 (1.11) に代入する。

$$V = R_1 I + R_2 I = (R_1 + R_2) I \tag{1.15}$$

水路全体の抵抗（合成抵抗）を R とすると，$V = RI$ の関係があるので，上式より

$$R = R_1 + R_2 \tag{1.16}$$

が成り立つ。この結果を拡張すると，抵抗 R_1, R_2, R_3, $\cdots$ を直列接続したときの合成抵抗 R は次式で与えられる。

$$\text{直列接続の合成抵抗 } R = R_1 + R_2 + R_3 + \cdots \tag{1.17}$$

式 (1.15) を I について解き，式 (1.13) に代入すると

$$V_1 = \frac{R_1}{R_1 + R_2} V \tag{1.18}$$

となる。この結果を拡張すると，抵抗 R_1, R_2, R_3, $\cdots$ を直列接続したときの V_1 は

$$V_1 = \frac{R_1}{R_1 + R_2 + \cdots} V \tag{1.19}$$

となる。これを電圧の**分圧**（voltage dividing）といい，V を $\frac{R_1}{R_1 + R_2 + \cdots}$ 倍に小さくした電圧 V_1 をつくることができる。V が大きすぎて，電圧計やマイコンの電圧計（A–D 変換器）で計測できる範囲を超えているとき，代わりに V_1 を計測して $\frac{R_1}{R_1 + R_2 + \cdots}$ で割れば V がわかる。ただし，電圧計には電流が流れないから，このような使い方ができる。モータにつなぐと，モータにも電流が流れるため，R_1 と R_2 の電流が変わってしまい，分圧の式が成り立たなくなってしまう。そのため，モータに加える電圧を小さくする目的に，この分圧を用いることはできない。

例題 1.1 12 V の電源につながれた回路のある点の電圧 V を，5 V で動作するマイコンに組み込まれた A–D 変換器という電圧計で測りたい。そのために，できるだけ少ない数の 1 kΩ の抵抗で分圧して接続したい。その回路図をつくろう。

【解答】 12 V の電源につながれた回路は，最高で 12 V までの電圧を発生する。5 V で動作するマイコンに 5 V を超える電圧をかけると壊れるので，12 V を 5 V 未満に分圧する回路をつくる。$R = 1\,\mathrm{k\Omega}$ の抵抗だけを用いるので，式 (1.19) より

$$V_1 = \frac{R}{R + R + \cdots} \cdot 12 = \frac{1\,\mathrm{k}}{1\,\mathrm{k} + 1\,\mathrm{k} + \cdots} \cdot 12 = \frac{12}{n} \quad \leftarrow n \text{ は抵抗 } R \text{ の個数}$$

となる。$\frac{12}{n} < 5$ を解いて $n > \frac{12}{5} = 2.4$ を得る。よって抵抗 3 本で図 **1.4** に示すように接続する。

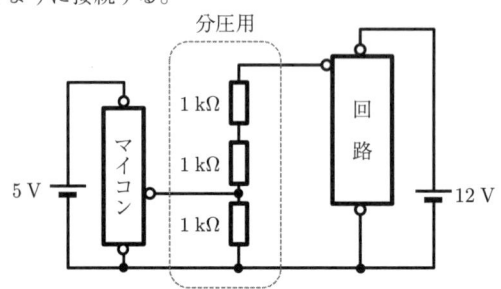

図 **1.4** 例題の分圧回路

◇

〔2〕並列接続　図 1.5 (a) に抵抗 R_1, R_2 の豆電球を並列に接続した回路を，図 (b) にその水流モデルを示す。ポンプで高さ V だけ吸い上げられた水は，R_1 と R_2 の穴を通ってポンプに戻る。R_1 を水が通る前後の水位の降下

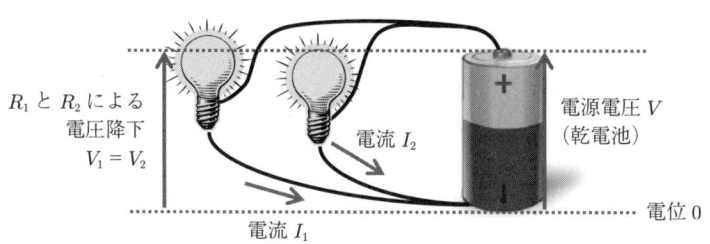

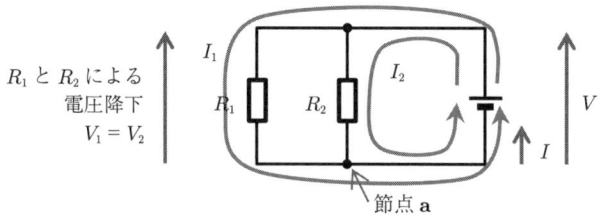

(a) 豆電球の接続図とその電気回路

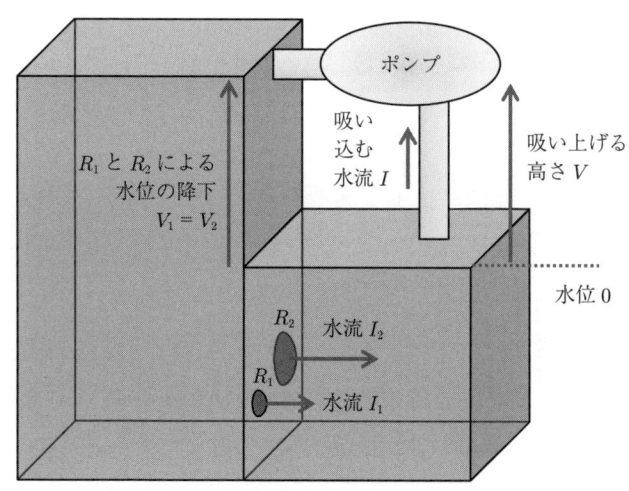

(b) 同じ水流モデル

図 1.5　負荷の並列接続とその水流モデル

を V_1 とし，R_2 を水が通る前後の水位の降下を V_2 とすると，図 (b) より，つぎのことがいえる．

$$\text{並列接続の電圧は等しい } V_1 = V_2 = V \tag{1.20}$$

これを，キルヒホッフの電圧則（p.7）で求めてみよう．I_1 と I_2 のループについて，電圧則を用いると $V = V_1$ と $V = V_2$ を得る．これより式 (1.20) が得られる．

図 (a) の節点 **a** および節点 **a** につながっている導線は，水流モデルの右側の水槽である．節点 **a** にキルヒホッフの電流則（p.6）を用いると，つぎのことがいえる．

$$\text{並列接続の電流は和 } I = I_1 + I_2 \tag{1.21}$$

また，R_1 と R_2 について，式 (1.20) とオームの法則より

$$V = R_1 I_1 \quad \therefore \quad I_1 = \frac{V}{R_1} \tag{1.22}$$

$$V = R_2 I_2 \quad \therefore \quad I_2 = \frac{V}{R_2} \tag{1.23}$$

が成り立つ．これらを式 (1.21) に代入する．

$$I = \frac{V}{R_1} + \frac{V}{R_2} = V \left(\frac{1}{R_1} + \frac{1}{R_2} \right) \tag{1.24}$$

水路全体の抵抗（合成抵抗）を R とすると，$V = RI$ より $I = V \left(\dfrac{1}{R} \right)$ の関係があるので，上式より

$$\frac{1}{R} = \frac{1}{R_1} + \frac{1}{R_2} \tag{1.25}$$

が成り立つ．この結果を拡張すると，抵抗 $R_1, R_2, R_3, \cdots$ を並列接続したときの合成抵抗 R はつぎの関係をもつ．

並列接続の合成抵抗の逆数 $\dfrac{1}{R} = \dfrac{1}{R_1} + \dfrac{1}{R_2} + \dfrac{1}{R_3} + \cdots$ (1.26)

式 (1.24) を変形して $V = \dfrac{I}{R_1^{-1} + R_2^{-1}}$ とし，式 (1.22) に代入する。

$$I_1 = \dfrac{R_1^{-1}}{R_1^{-1} + R_2^{-1}} I \tag{1.27}$$

この結果を拡張すると，抵抗 $R_1, R_2, R_3, \cdots$ を並列接続したときの I_1 は

$$I_1 = \dfrac{R_1^{-1}}{R_1^{-1} + R_2^{-1} + \cdots} I \tag{1.28}$$

となる。これを電流の**分流**（shunt current）といい，I を $\dfrac{R_1^{-1}}{R_1^{-1} + R_2^{-1} + \cdots}$ 倍に小さくした電流 I_1 を得ることができる。I が大きすぎて，電流計で計測できる範囲を超えているとき，代わりに I_1 を計測して $\dfrac{R_1^{-1}}{R_1^{-1} + R_2^{-1} + \cdots}$ で割れば I がわかる。

〔3〕 **直並列接続**　直列接続と並列接続とが混ざっている場合，**図 1.6** に示すように，まず直列接続の部分があれば先に合成し，なくなれば並列接続の部分を合成することを繰り返す。

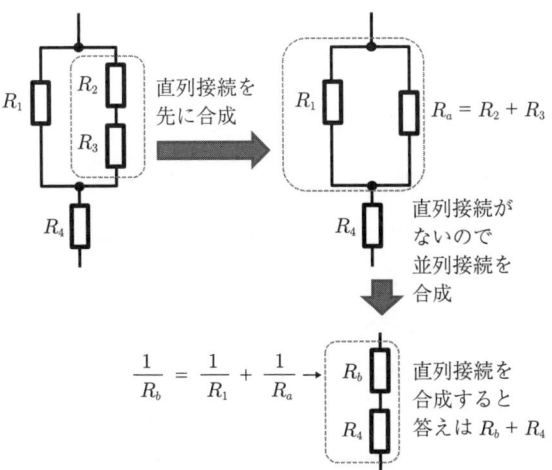

図 1.6　直並列接続の合成抵抗

例題 1.2 図 1.7 (a), (b), (c) それぞれの回路の合成抵抗 R を求めよう。

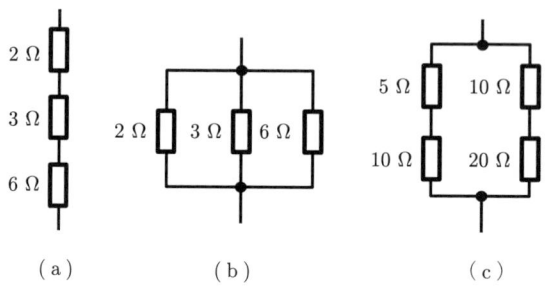

図 1.7 例題の回路

図 (a) は直列接続なので式 (1.17) より，$R = 2 + 3 + 6 = 11\,\Omega$
図 (b) は並列接続なので式 (1.26) より，$\dfrac{1}{R} = \dfrac{1}{2} + \dfrac{1}{3} + \dfrac{1}{6} = \dfrac{3}{6} + \dfrac{2}{6} + \dfrac{1}{6} = \dfrac{3+2+1}{6} = 1$　　∴　$R = 1\,\Omega$
図 (c) は直並列接続なので式 (1.17), (1.26) より，$\dfrac{1}{R} = \dfrac{1}{5+10} + \dfrac{1}{10+20} = \dfrac{1}{15} + \dfrac{1}{30} = \dfrac{2+1}{30} = \dfrac{1}{10}$　　∴　$R = 10\,\Omega$

◇

1.2　コイル L と水の流れ

1.2.1　コイルの物理法則

コイル（coil）はインダクタ（inductor）ともいい，導線を糸巻きのようにくるくる巻いた構造をしている。電磁石（ソレノイド）もコイルである。

〔1〕**磁力線とは**　　図 1.8 (a) に，ガラス板の上に砂鉄をまいて，棒磁石に近づけたときの砂鉄の模様を示す。砂鉄が線になっている。この線を**磁力線**（magnetic field lines）といい，強い磁石ほど数が増える。しかし，同じ磁力であっても砂鉄のつぶの大きさやガラス表面の摩擦などによって，線の数が変わってしまう。

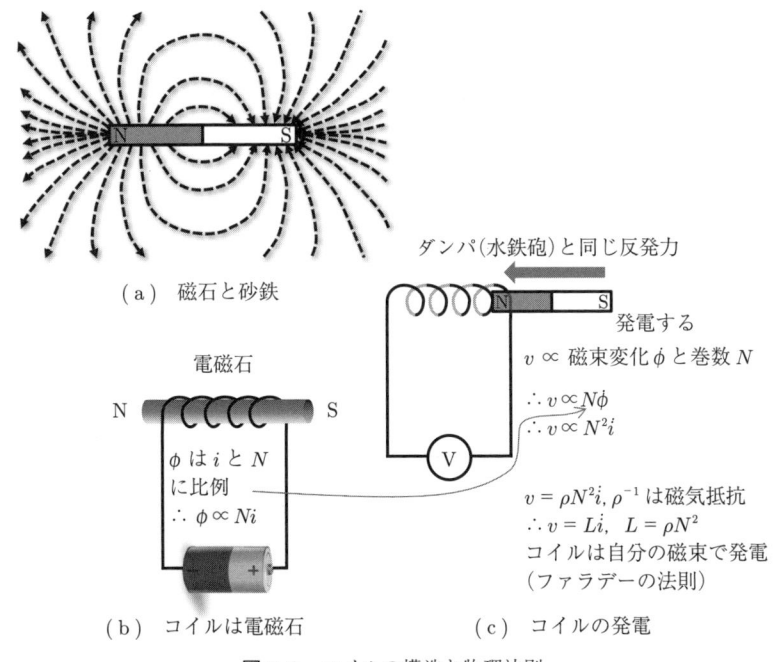

図 1.8 コイルの構造と物理法則

[2] **磁束 ϕ とは** N 極と S 極の強さが m 〔Wb〕の磁石に,ちょうど m 本の磁力線が発生したとき,この磁力線の束を**磁束** (magnetic flux) という。つまり,磁束 ϕ は,N 極と S 極の強さ m に等しく $\phi = m$ 〔Wb〕である。図で磁力の働きをイメージするときに,磁束は図 (a) のように磁力線の代わりとしてよく描かれる。

[3] **コイルは電磁石** コイルは電磁石であり,電流を流すと磁力を発生する(図 (b))。その磁束 ϕ は,電流 i が大きいほど強くなり,巻数 N が多いほど強くなる。つまり ϕ は N と i に比例する。これを式で表す。

$$\phi \propto Ni \quad \leftarrow 数学記号 \propto は比例 \tag{1.29}$$

[4] **コイルの発電** コイルに磁石を近づけると発電するが,コイル自身が発生する磁束の変化によっても発電する。発電で発生する電圧 v は,磁束(磁

力) の変化 $\dot{\phi}\left(=\dfrac{d}{dt}\phi\right)$ が大きいほど高くなる．また，巻数 N が多いほど $\dot{\phi}$ を受ける導線の輪の数が多くなるため v も高くなる．つまり，v は N と $\dot{\phi}$ とに比例するので

$$v \propto N\dot{\phi} \tag{1.30}$$

と表せる．その比例定数が 1 になるように電圧と磁束の単位はつくられているので

$$v = N\dot{\phi} \tag{1.31}$$

となる．これを**ファラデーの電磁誘導の法則**（Faraday's law of induction）という．ただし，v の向きを逆にとって $v = -N\dot{\phi}$ と表すこともある．$\Phi = N\phi$ を**鎖交磁束数**（number of interlinkage fluxes）といい，式 (1.31) に代入すると $v = \dot{\Phi}$ となる．式 (1.31) の ϕ に式 (1.29) を代入して次式を得る．

$$v \propto N^2 \dot{i}$$

v と $N^2 \dot{i}$ との比例定数を ρ とすると次式を得る．

$$v = \underbrace{\rho N^2}_{L\,とおく} \dot{i} \tag{1.32}$$

ρ^{-1} を**磁気抵抗**（magnetic resistance）といい，

$$L = \rho N^2 \tag{1.33}$$

を**自己インダクタンス**（self-inductance，あるいは単に**インダクタンス**）という（コイルを表す記号としても L をよく用いる）．式 (1.32), (1.33) より，コイルの電圧 v と電流の時間微分 $\dot{i}$ とは次式のように比例する．

$$\boxed{\text{コイルの基本の式 } v = L\dot{i}} \tag{1.34}$$

1.2.2 コイルは水車と同じ

式 (1.34) の $v = L\dot{i}$ によるコイルの働きを水の流れでイメージするために，つぎのように置き換える (p.3)。

置換え 1：電圧 v は水圧（単位面積当りの水を流す**力**）

置換え 2：電流 i は流れる水の**速さ**

速さの時間微分は加速度なので，$v = L\dot{i}$ より，コイルは力と加速度が比例する。この力はニュートンの**運動方程式**によると慣性力にほかならない。つまり，力を f，加速度を a，質量を m としたときの

$$f = ma \tag{1.35}$$

と同様の物理現象なのである。ゆえに L は質量に当たる。$f = ma$ の運動を行うものの一つに，図 1.9 (b) の水車がある。この水車が回転するとき，摩擦はないとする。水車の羽根と水路の間には水が漏れ流れるすき間はなく，水が流れた分だけ水車が回転する。このとき，回転速度と水の速さとは比例する。水車は回転系なので，f は回転させる力（力のモーメント），a は回転加速度，m は水車の重さ（慣性モーメント）だとすればニュートンの運動方程式 $f = ma$ に従う。ゆえに，コイルは水車と同じ働きをするのである。以上より，コイルは，水の流れではつぎのように置き換わる。

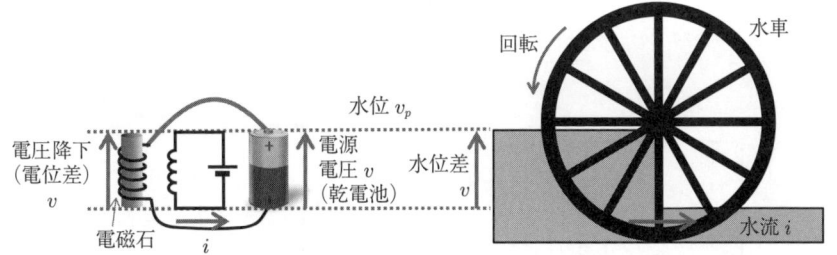

(a) コイルの回路と回路図　　　　(b) 等価な水の流れ

図 1.9　コイルと水の流れ

置換え 4：コイルは**水車**である。そのインダクタンス L は水車の重さであり，L が大きいほど重たく，回りにくい。

1.2.3 コイルの抵抗値

図 1.10 (a) の回路のスイッチを入れてコイルに一定の電圧 V をかけて，しばらくしてからスイッチを切った場合を水流モデルで考える。図 (b) にコイルの電圧 v_L と電流 i のグラフ（横軸は時間）を示す。グラフの①〜④ではつぎのことが起こっている。

① スイッチを入れた瞬間に水位差 V を生じるが，水車が停止しているため，その瞬間には水は流れない。抵抗は $R = \dfrac{V}{i}$ なので，その瞬間のコイルの抵抗値は ∞ である。

② その後，水車が回り始め，じわじわ勢いがついてどんどん速く回る。速いほど水は多く流れる。水位差は V のままである。そのため，コイルの抵抗値 $R = \dfrac{V}{i}$ はどんどん小さくなってゼロに近づく。

③ 十分時間が経つと，水車の回転速度は ∞ に，コイルの抵抗値はゼロに近

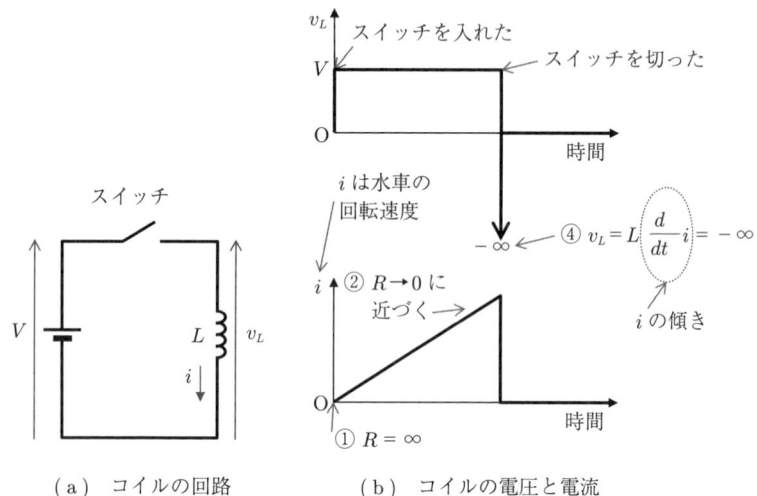

(a) コイルの回路　　　(b) コイルの電圧と電流

図 1.10　コイルの抵抗値

づく。ただし，実際のコイルは，銅など導体自体が小さな抵抗をもつため，内部抵抗（直流抵抗）という抵抗 r を含んでしまう。そのため，電流は ∞ にはならず，$i = \dfrac{V}{r}$ まで大きくなるとその値にとどまる。

④ スイッチを切った瞬間，水の流れ i が遮断されるため，突然 $i = 0$ になり，水車が急停止する。しかし，水車には勢いがついていたので，それを急停止させるために，非常に大きな水圧が発生する。i が突然 0 になるため，その瞬間にグラフの傾きである $\dfrac{d}{dt}i$ が $-\infty$ になる。$v = Li$（式 (1.34)）より，その瞬間の水圧は無限大になる。実際，コイルはスイッチを切った瞬間に大きな電圧を発生して火花が飛ぶことがある。例えば，モータはコイルでできているため，注意が必要である。

もしも電圧 V をかけ続けると，③より水車は加速し続ける。そして，限界の速度を超えると壊れてしまうだろう。電流を回転速度に置き換えたので，コイルも限界の電流を超えると，水車と同じように正常に動作しなくなってしまう。この電流の値を**許容電流**（**定格電流**）という。許容電流を超えるとインダクタンス値が低下し，さらに超えると破損したり燃えたりしてしまう。そのため，一定電圧の乾電池などにコイルを直接つなげるのは危険である。

1.2.4 コイルのエネルギー

質量 m の物体が速度 v で動くとき，その運動エネルギーは $E = \dfrac{1}{2}mv^2$ である。これに電気の置換え（p.3, 18）をすると，速度 $v \to i$，質量 $m \to L$ として，つぎのようになる。

$$\text{コイルのエネルギー} \quad E = \frac{1}{2}Li^2 \tag{1.36}$$

1.3 コンデンサ C と水の流れ

1.3.1 コンデンサの物理法則

コンデンサ（condenser）はキャパシタ（capacitor）ともいい，図 1.11 (a) に示すように，導体のシート 2 枚を接触しないように近づけた構造をしている。電圧をかけると，片方のシートには電子がたまり，その分だけ，もう一方のシートの電子が減少する。つまり静電気をためる働きをする。ちなみに平賀源内が 1776 年に復元したエレキテルは，摩擦で静電気を発生させ，それをコンデンサにため続けると電圧が大きくなって放電し，パチっと火花が飛ぶという仕組みである。たまった電子（または減少した電子）がもつ電気の量を電荷（electric charge，あるいは電気量）という。電流は，単位時間当りに流れる電荷である。

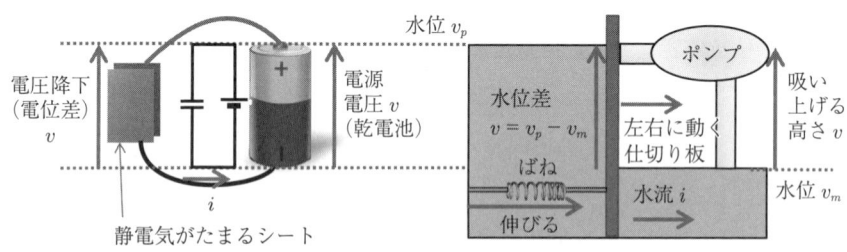

（a） コンデンサの回路と回路図　　（b） コンデンサ回路の水の流れへのたとえ

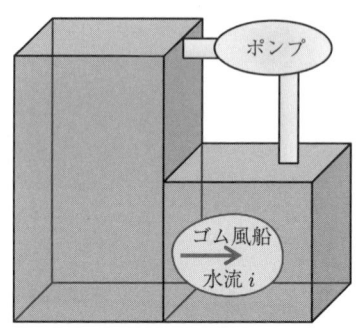

（c） ばねとゴム風船は等価

図 1.11　コンデンサと水の流れ

つまり「電流と電荷」とは「速度と距離」と同じ関係である。

速度を時間で積分すると距離になるので,電流を i,たまった電荷を q とすると,i と q とは

$$q = \int i\, dt \tag{1.37}$$

の関係をもつ。コンデンサに小さい電圧をかけると,少し電荷がたまる。大きな電圧をかけると多くの電荷がたまる。つまり,電圧 v と電荷 q とは比例する。比例定数を C とすると

$$q = Cv \tag{1.38}$$

が成り立つ。C を**電気容量**(capacitance,あるいは**静電容量**,**キャパシタンス**)という(コンデンサを表す記号としても C をよく用いる)。

$q = Cv$ に $v = 1$ を代入すると,$q = C$ となるので,C はコンデンサに $1\,\mathrm{V}$ をかけたときにたまる電荷である。電荷はシートにたまるので,シートの面積 S が大きいほど多くたまる。ゆえに C と S とは比例する。プラスの電荷とマイナスの電荷は,磁石の N 極と S 極のように引き合う。そのため,シート同士の間隔 d が狭いほど電荷が強く引き合って多くたまる。ゆえに C と d とは反比例する。したがって,C は $\dfrac{S}{d}$ に比例し,その比例定数を ε とおくと

$$C = \varepsilon \frac{S}{d} \tag{1.39}$$

と表せる。ε を**誘電率**(permittivity)という。真空や空気中では $\varepsilon = 1$ である。その他の物質のほうが電荷がたまりやすく,その誘電率は $\varepsilon > 1$ である。

式 (1.37) の q に式 (1.38) を代入して,v について解くと次式を得る。

$$\boxed{\text{コンデンサの基本の式}\quad v = \frac{1}{C} \int i\, dt} \tag{1.40}$$

1.3.2 コンデンサはゴム風船と同じ

式 (1.40) の $v = \dfrac{1}{C} \int i\, dt$ によるコンデンサの働きを水の流れでイメージす

るために，つぎのように置き換える (p.3)。

置換え 1：電圧 v は水圧（単位面積当りの水を流す**力**）

置換え 2：電流 i は流れる水の**速さ**

速さ i の時間積分 $\int i\,dt$ は距離なので，$v = \dfrac{1}{C}\int i\,dt$ は，力と距離が比例することを示している。この力はフックの法則（Hooke's law）によると，弾性力(だんせいりょく)（ばねの力）にほかならない。つまり，ばねの力を f，ばねが伸びた距離を x，ばね定数を k としたときの

$$f = kx \tag{1.41}$$

と同様の物理現象なのである。ゆえに $\dfrac{1}{C}$ は k に相当するので，C はばねのやわらかさである。ばねの働きをするコンデンサの水流モデルを図 1.11 (b) に示す。真ん中の仕切り板は，左右に動くことができ，その摩擦はゼロである。その仕切り板にばねを取り付けていて，左右に水位差があると，水圧を生じる。水圧によって板を押す力が発生し，その分だけばねが伸びる。このモデルよりも，図 1.11 (c) のほうがイメージしやすいだろう。真ん中の仕切り板は固定されていて，板の穴にはゴム風船が取り付けられている。ゴム風船は，水圧を受けると膨らんで中に水がたまる。水圧をかけるほど，多くたまるので，水圧 v とたまった体積 q とは比例する。比例定数を C とすると式 (1.40) の $q = Cv$ を得る。今後はコンデンサの水流モデルとして，この図 (c) のゴム風船を用いる。以上より，コンデンサは，水の流れではつぎのように置き換える。

> **置換え 5**：コンデンサはゴム風船である。その電気容量 C はゴムのやわらかさであり，C が大きいほど膨らみやすい。$\dfrac{1}{C}$ は k に相当する。

1.3.3　コンデンサの抵抗値

図 **1.12** (a) の回路のスイッチを入れて，電荷がたまっていないコンデンサに図 (b) に示す電圧 V をかけて，しばらくしてからスイッチを切った場合を水流モデルで考える。図 (b) にコンデンサの電圧 v_C と電流 i のグラフ（横軸

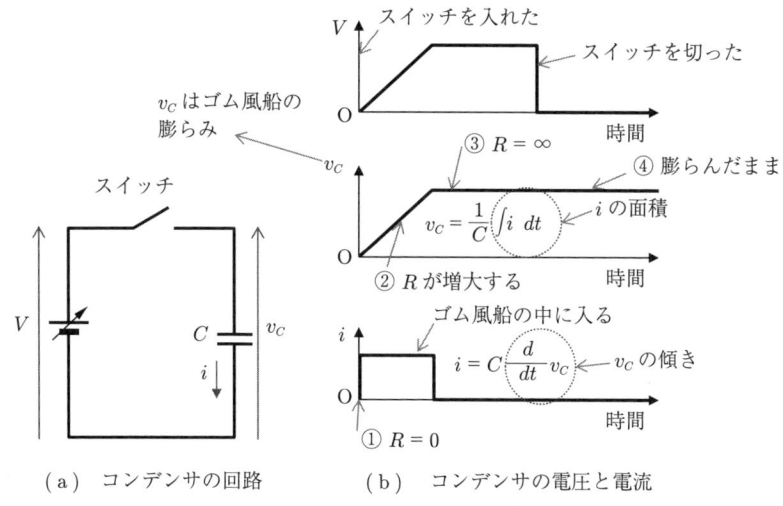

(a) コンデンサの回路　　(b) コンデンサの電圧と電流

図 1.12　コンデンサの抵抗値

は時間）を示す．グラフの①～④ではつぎのことが起こっている．

① スイッチを入れた瞬間，コンデンサの電荷 q はゼロなので $q = Cv_C$（式 (1.38)）より $v_C = 0$ である．しぼんだゴム風船の中に水が流れるので，電流 i はゼロではない．よってオームの法則より抵抗値 $\dfrac{v_C}{i}$ はゼロである．

② C は V と並列なので $v_C = V$ である．$v_C = \dfrac{1}{C}\int i\,dt$ の両辺を微分すると $i = C\dfrac{d}{dt}v_C$ になる．$\dfrac{d}{dt}v_C$ は v_C の傾きである．グラフより，水圧 V が一定の傾きで上がっているので i は一定値になる．これはゴム風船に水が一定の速度で流れ込んで膨らんでいる状態である．膨らめば膨らむほどゴム風船の水圧が高くなり，抵抗値 $\dfrac{v_C}{i}$ が増大する．

③ $V = v_C$ が一定になると，ゴム風船は膨らみきり，もはや水はゴム風船に流れ込まない．水が流れないため，コンデンサの抵抗値は∞になる．ただし，実際のコンデンサは，わずかに電流が流れてしまう．この電流を **漏れ電流**（leak current）という．実際のコンデンサは，C と並列に大きな抵抗 r を含んでいる．そのため，$i = \dfrac{V}{r}$ の漏れ電流が流れてしまう．

④ スイッチを切った瞬間，水路が遮断されて電源からの水圧 V がなくなる．

すると，ゴム風船は水圧 V で中の水を押し流そうとする．しかし，水路が遮断されているため流れない．ゆえに，ゴム風船は膨らんだままである．これはコンデンサが充電された状態である．実際，<u>コンデンサに触ると感電する</u>ことがあるので注意が必要である．

コンデンサ C は電荷 Q がたまって充電された状態でスイッチを切っても，式 (1.38) より電圧 $v_C = \dfrac{Q}{C}$ を保持する．そのままスイッチを入れるとその電圧が他の回路に悪影響を及ぼすことがある．そこで放電用の回路を付け，スイッチを切ると放電できるようにすることが多い．しかし放電が完了するまでに時間がかかる．そのため，家電製品などのスイッチを切ったら，つぎにスイッチオンするまでに数分以上待つべきである．ゴム風船は水圧が限界を超えると破裂する．同じようにコンデンサも電圧が限界を超えると正常に動作しなくなる．この電圧を<u>耐圧</u>（breakdown voltage，あるいは<u>耐電圧</u>，<u>定格電圧</u>）という．また，コンデンサの種類によっては，プラス側とマイナス側が決まっているものがある．これを極性をもつという．耐圧を超えたり極性を間違えると，発熱して煙が出たり，中の液が外部に漏れ出すことがある．ひどいときには爆音とともに破裂して破片が高速で四方八方に飛び散るため，非常に危険である．

1.3.4 コンデンサのエネルギー

ばねのポテンシャルエネルギーは，ばね定数を k，伸びた距離を x とすると，$E = \dfrac{1}{2}kx^2$ である．電気への置換え（p.3, 22）をすると，距離 $x \to \int i\,dt$，ばね定数 $k \to \dfrac{1}{C}$ として，つぎのようになる．

$$E = \frac{1}{2}\frac{1}{C}\left(\int i\,dt\right)^2 = \frac{1}{2}C\underbrace{\left(\frac{1}{C}\int i\,dt\right)^2}_{v^2(\text{式 }(1.40))}$$

$$\boxed{\text{コンデンサのエネルギー}\quad E = \frac{1}{2}Cv^2} \tag{1.42}$$

1.4 RLC と水の流れのまとめ

表 1.1 に電気と水の流れの対比についてまとめる。R は粘性摩擦力を発生するダンパ，L は慣性力を発生する質量負荷，C はばねの力を発生するばねに相当する。

表 1.2 に RLC とばね・マス・ダンパとの類似性についてまとめる。表内のばね・マス・ダンパの式に表 1.1 の置換えをすると，RLC の式が得られる。

表 1.1 電気と水の流れの対比

電気	水の流れ
電位差 v	水圧（単位面積当りの力）f
電流 i	水の速度 $\dot{x}$（x は水の移動距離）
抵抗 R	粘性摩擦係数 d
インダクタンス L	水車を回す重さ m
電気容量（静電容量）C	ばね定数 k の逆数

表 1.2 RLC とばね・マス・ダンパとの類似性

		方程式	エネルギー
力学	粘性摩擦 d	$f = d\dot{x}$	$E = fx,\ P = \dot{E} = f\dot{x}$
電気	抵抗 R	$v = Ri$	$P = vi = Ri^2,\ E = \int P\,dt$
力学	質量 m	$f = m\ddot{x}$	$E = \dfrac{1}{2}m\dot{x}^2$
電気	コイル L	$v = L\dot{i}$	$E = \dfrac{1}{2}Li^2$
力学	ばね定数 k	$f = kx$	$E = \dfrac{1}{2}kx^2$
電気	コンデンサ $\dfrac{1}{C}$	$v = \dfrac{1}{C}\int i\,dt$	$E = \dfrac{1}{2}Cv^2$

1.5 電気の単位

電気でよく用いる単位を表 1.3 に示す。読み方のほとんどは電気に関して功

表 1.3　電気の単位

物理量	単位	読み方
電位差 v	V	ボルト
電流 i	A	アンペア
抵抗 R	Ω	オーム
インダクタンス L	H	ヘンリー
電気容量（静電容量）C	F	ファラド
電力 P	W	ワット
電力量（エネルギー）E	J	ジュール
電荷（電気量）q	C	クーロン
誘電率 ε	F/m	ファラド毎メートル
磁束 ϕ	Wb	ウェーバ
鎖交磁束数 Φ	Wb	ウェーバ
磁気抵抗 ρ^{-1}	A/Wb	アンペア毎ウェーバ
インピーダンス Z	Ω	オーム
アドミタンス Y	S	ジーメンス

績を上げた物理学者の名前である。また，電気でよく使う単位の接頭語 (km の k など) を表 1.4 に示す。接頭語は，数値が 0.1〜1000 の間になるように選ぶのが望ましい。例えば

$$40\,000\,\text{V} \to 40\,\text{kV}, \quad 0.0012\,\text{A} \to 1.2\,\text{mA}$$

とする。接頭語が分子と分母にあるときは，つぎのように一つにまとめる。

$$0.1\,\text{km/ms} \to 100\,\text{km/s}\,(\text{キロメートル毎秒と読む})$$

表 1.4　単位の接頭語

単位の接頭語	T	G	M	k	m	μ	n	p
読み方	テラ	ギガ	メガ	キロ	ミリ	マイクロ	ナノ	ピコ
掛ける数値	10^{12}	10^{9}	10^{6}	10^{3}	10^{-3}	10^{-6}	10^{-9}	10^{-12}

例題 1.3　つぎの問題を考えてみよう。

(1)　0.05 A は何 mA か。　　(2)　200 mA は何 A か。

(3)　0.3 mA は何 μA か。　　(4)　7000 μA は何 mA か。

(5)　6.6 kV は何 V か。　　(6)　100 000 V は何 kV か。

(7)　点 a の電位 $v_a = 10\,\text{V}$，点 b の電位 $v_b = -15\,\text{V}$ のとき，点 b から

点 a までの電位差 v_{ab} は何 V か。

【解答】
(1) $0.05\,\text{A} = 0.05 \times 1\,000 \times \left(\dfrac{1}{1\,000}\right)\,\text{A} = 0.05 \times 1\,000\,\text{mA} = 50\,\text{mA}$

(2) $200\,\text{mA} = 200 \times \left(\dfrac{1}{1\,000}\right)\,\text{A} = 0.2\,\text{A}$

(3) $0.3\,\text{mA} = 0.3 \times (1\,000)\,\mu\text{A} = 300\,\mu\text{A}$

(4) $7\,000\,\mu\text{A} = 7\,000 \times \left(\dfrac{1}{1\,000}\right)\,\text{mA} = 7\,\text{mA}$

(5) $6.6\,\text{kV} = 6.6 \times (1\,000)\,\text{V} = 6\,600\,\text{V}$

(6) $100\,000\,\text{V} = 100\,000 \times \left(\dfrac{1}{1\,000}\right)\,\text{kV} = 100\,\text{kV}$

(7) $v_{ab} = v_a - v_b = 10 - (-15) = 25\,\text{V}$ ◇

1.6 電気回路図の記号

ここでは，これまでに学んだ電気回路図の記号をまとめる。

図 1.13 (a) に電源の記号をまとめる。電源には**電圧源**と**電流源**がある。電圧源には，一定値の電圧を発生する**直流電圧源**と，一定の振幅と周期をもつ正

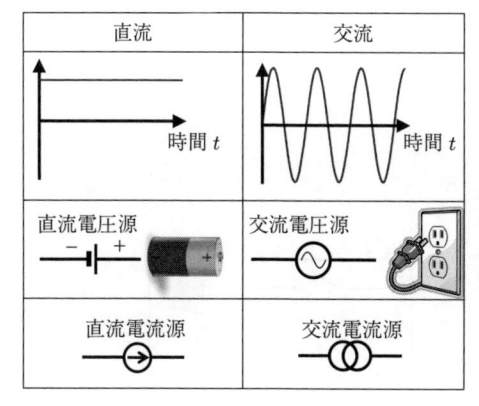

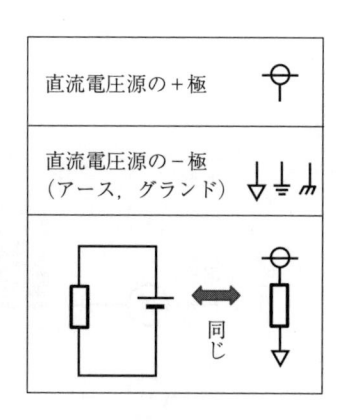

(a) 電　源
(b) 直流電圧源のいろいろな表し方

図 1.13　電源の記号

弦波の電圧を発生する**交流電圧源**とがある。乾電池は直流電圧源の一つである。電圧源は一定値または一定の正弦波の電圧を発生し，そのときの電流は接続している負荷によって変わる。水の流れでは，つねに水位差を一定値または一定の正弦波にし続けるポンプである。図(b)に示すように，直流電圧源をシンプルに表すこともある。一方，電流源は，一定の値または一定の正弦波の電流を発生し，そのときの電圧は接続している負荷によって変わる。電流源にも直流と交流の電流を流すタイプがある。水の流れでは，つねに一定の水を流し続けるポンプである。

　図**1.14**(a)に負荷の記号をまとめる。**可変抵抗**（variable resistor，ボリューム）は，ツマミを回すと抵抗の値が変わる。電球（ライト）は電気回路では抵抗と同じである。

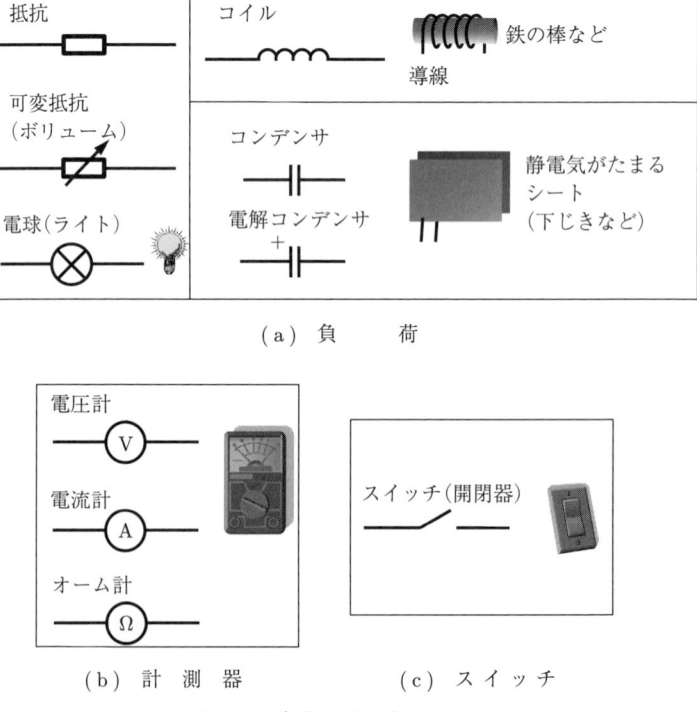

(a) 負　　荷

(b) 計　測　器　　　(c) ス イ ッ チ

図 **1.14**　負荷や電圧計などの記号

図 (b) に電圧計などの記号をまとめる。図 (c) に**スイッチ**（switch）を示す。スイッチは閉じれば導線がつながって電流を流し，開けば導線が離れて電流を流さない。導線がつながった状態を**短絡**（short，ショート），導線が離れた状態を**開放**（open，オープン）という。

1.7 抵抗・コイル・コンデンサの外観と読み方

1.7.1 カラーコードの読み方

抵抗には**図 1.15** に示すように**カラーコード**という 4 色の帯が印刷されている。その色を見れば，つぎの手順で抵抗の値とその誤差の範囲を読み取ることができる。

1) 色の間隔が広いほうを右に向ける（図 1.15 の向き）。
2) 左から順に色の数値を**表 1.5** で読み取り，それぞれ a, b, c, d とおく。
3) 抵抗の値 R は $R = ab \times 10^c$ 〔Ω〕，誤差の範囲は d である。ただし，指数 c が金色のときは 10^c は 10^{-1}，銀色のときは 10^{-2} である。

例えばカラーコードが「赤緑黄銀」のとき，表 1.5 より

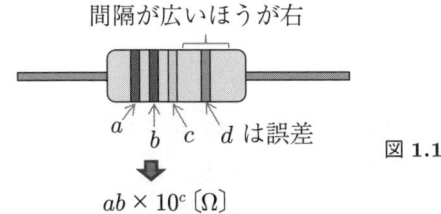

図 1.15 カラーコードの読み方

表 1.5 カラーコードの読み方

色	黒	茶	赤	橙	黄	緑	青
数値	0	1	2	3	4	5	6
色	紫	灰	白	金	銀	色なし	
数値	7	8	9	±5%	±10%	±20%	

$a = 2, \quad b = 5, \quad c = 4, \quad d = \pm 10\%$

なので

$$R = \underbrace{a}_{2}\underbrace{b}_{5} \times 10^{\overset{4}{c}} = 25 \times 10^4 = 250 \times 10^3 = 250\,\mathrm{k\Omega}$$

であり，誤差の範囲は±10%である．±10%ということは，抵抗の値の範囲は$\frac{90}{100}R$から$\frac{110}{100}R$の間なので，この抵抗の値は225〜275 kΩ の範囲内にある．

4色でなく，5, 6色のカラーコードもある．5色の場合，5色のカラーコードを$abcde$とすると，eが誤差の範囲で，抵抗の値Rは

$$R = abc \times 10^d \quad [\Omega]$$

である．6色の場合，カラーコードを$abcdef$とすると，$a \sim e$は5色の場合と同じで，最後のfは温度に依存してどれだけ値が変わるかを示す温度係数である．

コイルとコンデンサのカラーコードの読み方は抵抗と同じだが，用いる単位はそれぞれ[μH]ᴹᵃⁱᶜʳᵒ（$= 10^{-6}$ H）と[pF]ᴾⁱᶜᵒ（$= 10^{-12}$ F）である（p.25）．

1.7.2 コンデンサとコイルの読み方

円筒の形をした電解コンデンサには極性があり，足の長いほうが「+」，短いほうが「−」である．その電気容量と耐圧と−極側にマイナス記号「−」とが円筒の表面に印刷されている．

図1.16に示す形のコンデンサは，セラミックコンデンサなどであり，極性はない．このタイプは印刷するための面積が小さいため，図1.16に示す「103K」，

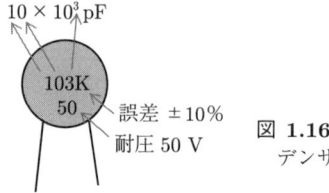

図 **1.16** コイルやコンデンサの値の読み方

（10×10^3 pF，103K 50，誤差 ±10%，耐圧 50 V）

「50」のように略して書くことが多い。「50」は耐圧 50 V である。この表示が省略されている場合は耐圧 50 V であることが多い。用いる単位はカラーコードと同じでコンデンサは〔pF〕，コイルは〔μH〕である。「103K」の 103 は，カラーコードと同じで，10 が数値，3 が指数（10 の 3 乗）であり，電気容量は 10×10^3〔pF〕である。「103」の箇所に R と書かれている場合，R は小数点である。例えば 3R5 は 3.5，R35 は 0.35 である。「103」の箇所に数値が二つしか書かれていない場合は，その数が値そのものである。例えば 22 のときは 22 pF である。「103K」の K は，**表 1.6** に示す電気容量の誤差の範囲である。例えば「103K」と書いたコイルの値は $10 \times 10^3 \, \mu H = 10 \, \text{mH}$（ミリヘンリー）で，その精度は ±10% である。誤差表示がないときは，誤差を知るためにはデータシートを調べなければならない。

表 1.6 コイルやコンデンサの誤差の値の読み方

最後の文字	G	J	K	M	N	Z
精度	± 2%	± 5%	± 10%	± 20%	± 30%	− 20 ～ +80%

例題 1.4 銀黒青茶（左の間隔が広い）の抵抗の値を求めよう。また，直流電圧源の電圧が 5 V のとき，その抵抗器の定格電力は少なくとも何 W 以上であればよいかを有効数字 3 桁で求めよう。

【解答】 左の間隔が広いので，色の順が逆の茶青黒銀である。よって，表 1.5 より

$$16 \times 10^0 = 16 \, \Omega$$

で誤差の範囲は ±10% である。ゆえに $0.9 \times 16 \, \Omega \sim 1.1 \times 16 \, \Omega$ である。抵抗にかかる電圧は最大で 5 V である。そのときの電流 I はオームの法則より

$$I = \frac{5}{1.1 \times 16} \sim \frac{5}{0.9 \times 16} \, \text{A}$$

である。このときの電力は式 (1.6)（p.5）より

$$P = VI = 5 \cdot \frac{5}{0.9 \times 16} = 1.736 \, 1 \, \text{W}$$

となる。有効数字を 3 桁にすると 1.74 W 以上である。   ◇

2 直流回路を「わかる」

乾電池は，一定の電圧（1.5Vなど）で電気を流す直流電圧源である。ここでは，直流電圧源または直流電流源と抵抗からなる回路について理解しよう。

2.1 電圧計・電流計・オーム計

テスタ（マルチメータ，回路計）で電圧，電流，抵抗を測ることができる。その仕組みを理解しよう。

2.1.1 電　流　計

電流計（ammeter）は電流を測る計測器である。水が流れる水路の中に手を入れると，水の流れの速さを感じるだろう。電気でも同じように導線の中の電流を電流計に流して感じさせるために，図 2.1 (a) のように電流計は負荷と直列に接続する[†]。図 (c) に可動コイル形の電流計の仕組みを示す。この電流計は，回転軸に電磁石を取り付け，軸をぜんまいばねで固定し，左右に永久磁石を配置している。電流が流れると，磁力を帯びた電磁石が永久磁石と反発して回転する力が発生する。そのため，回転軸がばねと釣り合うまで回転する。電流が大きいほど，大きく回転する。回転軸に取り付けられた針も回転し，その針の先の目盛に電流値を記しておけば電流を計測できる。交流の場合は，交流のマイナスの部分をなくしてプラスだけにする整流器に通してから，この電流計に接続する。

[†] 電流が流れると発生する磁気を利用して電流を測る架線電流計（クランプメータ）は，直列につながなくても，洗濯バサミのように導線を挟むだけで計測できる。

2.1 電圧計・電流計・オーム計

(a) 電流計の接続

(b) 電流計の内部抵抗

(c) 電流計の仕組み

電流 → 電磁石が回転 → ばねと釣り合う

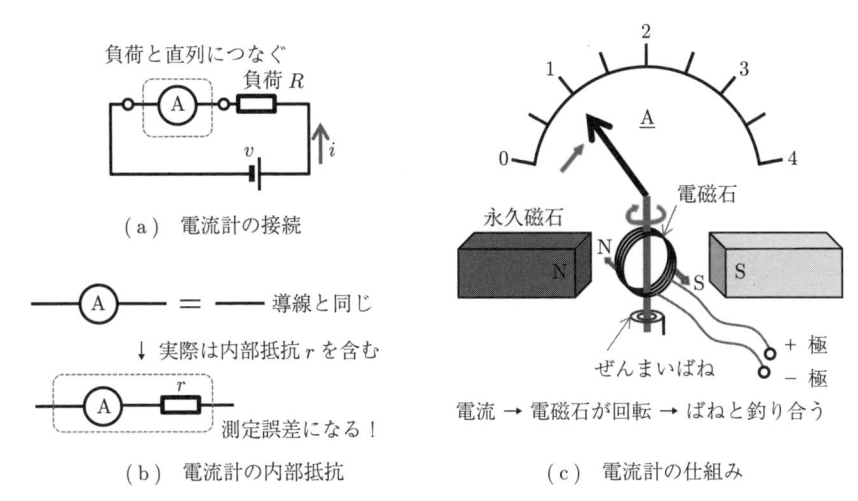

図 2.1　電　流　計

　理想の電流計は，回路に接続してもなにも影響しないので，図 (b) に示すように，電気回路の中では導線と同じである。しかし実際は，電流計内の電磁石が少し抵抗をもつ。これを**内部抵抗**（internal resistance）という。電磁石は銅線をぐるぐる巻にしたもので，銅の抵抗は非常に小さい。しかし水路と同じで，長いほど流れにくくなり，抵抗が増す。電磁石の銅線は長いため，少し抵抗をもつのである。そのため，計測した値が少しずれてしまう。ただし，測る電流がゼロのときに限って内部抵抗の電圧降下がゼロになるため影響を受けない。

2.1.2　電　圧　計

　電圧計（voltmeter）は電圧を測る計測器である。計測制御に使うマイコンの多くに A–D 変換器という電圧計が組み込まれていて，測った電圧をマイコンで処理できる。図 2.2 (a) に電圧計の仕組みを，図 (b) に電圧計の接続を示す。ある 2 点間の水位差を測るとき，その 2 点の水位を見比べるだろう。電位差も同じように，負荷の両端の電位を見比べるために，図 (b) のように電圧計は負荷と並列に接続する。図 (a) に示す電圧計は，電流計と大きな抵抗 R_1 とを直列に接続した構造である。電圧計を負荷に並列に接続すると，並列なので負荷

電圧計…電流計に大きな抵抗 R_1 を直列接続

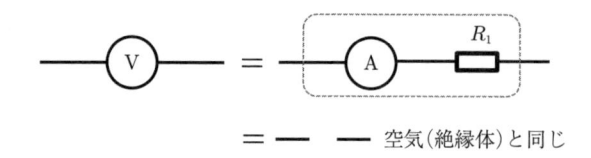

(a) 電圧計の仕組み

負荷と並列につなぐ

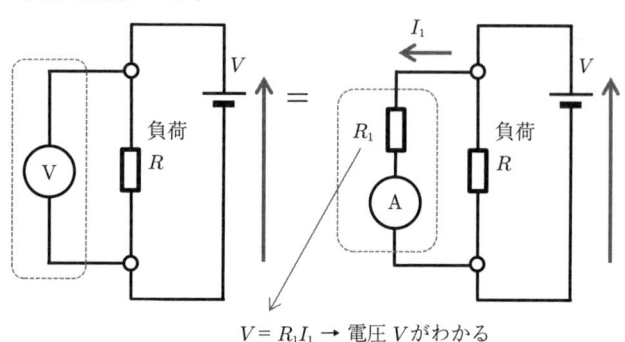

$V = R_1 I_1$ → 電圧 V がわかる

(b) 電圧計の接続

図 2.2 電 圧 計

と同じ電圧 V が電圧計にかかる（p.12 の式 (1.20)）。電圧計は大きな抵抗 R_1 をもつので，微小な電流 $I_1 = \dfrac{V}{R_1}$ が流れる。この電流 I_1 を電流計で測り，I に R_1 を掛ければ V がわかる。

電圧計自身の抵抗 R_1 を，電圧計の**入力インピーダンス**（input impedance）という。理想の電圧計は,回路に接続してもなにも影響しないので，空気などの絶縁体と同じで電流が流れない。つまり $I_1 = 0$ なので，オームの法則より，理想の電圧計の入力インピーダンスは ∞ である。$R_1 = \infty$ ではないときは電圧計に I_1 が流れることによって，計測する回路の電圧が変わってしまい，それが計測値の誤差となる。さらに計測値には，内部の電流計の内部抵抗による誤差も含まれてしまう。

2.1.3 オーム計

オーム計は**抵抗計**ともいう。図 **2.3** に示すオーム計は，電流計と直流電圧源 V，および抵抗 R_s とを直列接続した構造である。負荷抵抗 R を単体でオーム計に直接つないで測定する。他の回路につながった状態の R を測定しても正確に測れない。

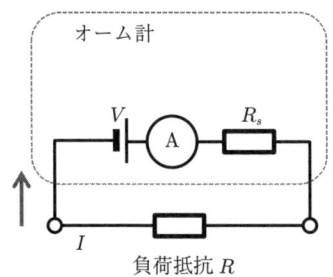

図 **2.3** 抵 抗 計

オームの法則から

$$V = (R + R_s) I \tag{2.1}$$

が成り立つ。R について解くと

$$R = \frac{V}{I} - R_s \tag{2.2}$$

となり，R がわかる。しかし，電流計の内部抵抗によって測定値には誤差が含まれてしまう。抵抗を精度よく測定するために，ブリッジ回路がよく使われる。この回路をつぎに説明する。

2.1.4 ブリッジ回路

図 **2.4**(a) にブリッジ回路（ホイートストンブリッジ回路（Wheatstone bridge circuit）ともいう）を，図 (c) にその水流モデルを示す。点 **b** から点 **a** までの電位差

$$V_g = V_a - V_b \tag{2.3}$$

がゼロになるための条件を考える。$V_g = 0$ のとき

$$V_a = V_b \tag{2.4}$$

(a) ブリッジ回路

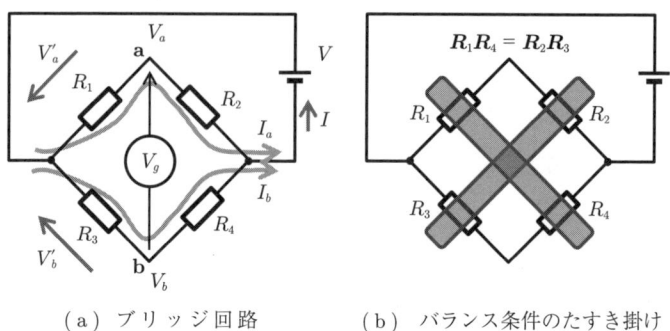

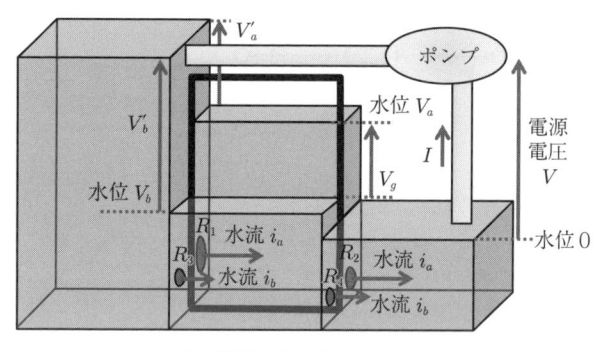

(b) バランス条件のたすき掛け

(c) 等価な水の流れ

図 **2.4** ブリッジ回路

となる。このとき，水流モデルでは左右の水槽に挟まれた奥と手前の二つの水槽の水位が等しくなる。R_2, R_4 についてオームの法則より

$$V_a = R_2 I_a \tag{2.5}$$

$$V_b = R_4 I_b \tag{2.6}$$

である。図 (a) の I_a と I_b の経路のそれぞれに二つの抵抗が直列接続されている。直列接続の合成抵抗は和である（p.9 の式 (1.17)）。それぞれの合成抵抗についてオームの法則を用いる。

$$V = (R_1 + R_2) I_a \quad \therefore \quad I_a = \frac{V}{R_1 + R_2} \tag{2.7}$$

$$V = (R_3 + R_4)I_b \quad \therefore \quad I_b = \frac{V}{R_3 + R_4} \tag{2.8}$$

式 (2.3) の $V_g = V_a - V_b$ に式 (2.5), (2.6) を代入する。

$$\begin{aligned}
V_g &= R_2 I_a - R_4 I_b \\
&= R_2 \frac{V}{R_1 + R_2} - R_4 \frac{V}{R_3 + R_4} \quad \leftarrow \text{式 (2.7), (2.8)} \\
&= \left(\frac{R_2}{R_1 + R_2} - \frac{R_4}{R_3 + R_4} \right) V \\
&= \frac{R_2(R_3 + R_4) - R_4(R_1 + R_2)}{(R_1 + R_2)(R_3 + R_4)} V \quad \leftarrow \text{通分した} \\
&= \frac{R_2 R_3 + R_2 R_4 - R_4 R_1 - R_4 R_2}{(R_1 + R_2)(R_3 + R_4)} V \\
\therefore \quad V_g &= \frac{R_2 R_3 - R_4 R_1}{(R_1 + R_2)(R_3 + R_4)} V
\end{aligned} \tag{2.9}$$

式 (2.9) 右辺の分子がゼロになれば,$V_g = 0$ になる。よって,$V_g = V_a - V_b = 0$ となるための条件 (バランス条件, 平衡条件) は次式で与えられる。

$$\text{バランス条件} \quad R_2 R_3 = R_1 R_4 \tag{2.10}$$

両辺の積のペアは,図 2.4(b) に示すように,回路図に × 印 (たすき掛け) を書いたときの線上のペアである。

ブリッジ回路は,ひずみの計測に欠かせないことを【役立つ編】(p.155) で説明する。

例題 2.1 図 2.5 に示す回路の合成抵抗を求めよう。

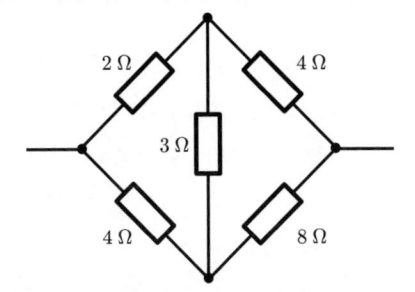

図 2.5 例題 2.1 の回路

【解答】 たすき掛けのペア同士の積は，$2 \times 8 = 16$，$4 \times 4 = 16$ となり，一致するのでバランス条件が成立している。よって $3\,\Omega$ の抵抗の両端の電位が等しいため，$3\,\Omega$ の抵抗には電流が流れない。そのため，$3\,\Omega$ の抵抗を取り外した回路と同じである。その回路は直並列接続なので式 (1.17)，(1.26) より，合成抵抗 R を求めると

$$R^{-1} = (2+4)^{-1} + (4+8)^{-1} = \frac{1}{6} + \frac{1}{12} = \frac{3}{12} = \frac{1}{4}$$

となる。よって $R = 4\,\Omega$ である。 ◇

2.2 電　　池

電池 (battery) は直流電圧源であり，おもにつぎの2種類が使用される。

- **一次電池**… 使い捨てタイプで $1.5\,\mathrm{V}$ が多い。マンガン電池，アルカリ電池，リチウム電池などがある。
- **二次電池**… 充電できるタイプで $1.2\,\mathrm{V}$ と $2\,\mathrm{V}$ が多い。鉛蓄電池（自動車のバッテリーは六つ直列接続している），ニッケル水素充電池，リチウムイオン充電池，ニッケル・カドミウム蓄電池（ニッカド電池）などがある。

電池は，時間が経つとともに少しずつ電圧が下がる。これを**自然放電** (natural discharge) という。二次電池のほうが自然放電が激しく，数箇月ほど放置しておくと電圧が著しく低下する。ただし，ニッケル水素充電池の eneloop® という製品は，自然放電が非常に少なく，一次電池と同じく充電された状態で売られている。

その他につぎの電池がある。

- **燃料電池**… 水素，メタノール，天然ガスなどの燃料と空気を吸い込み，水などを排出して発電する。燃料を供給し続けるかぎり発電し続ける点が一次電池や二次電池と異なる。ケータイや電気自動車への応用が期待されている。
- **太陽電池（光電池）**… 太陽光などの光を受けると発電する。電卓，腕時

計，人工衛星などに実用化されている。
- **熱　電　池** … ペルチェ素子などの熱電素子に温度差を与えると発電する。この性質を利用した電池である。電池としての用途ではなく，温度を計測するセンサや，電力を与えて冷やすクーラとして使うこともある。
- **原子力電池** … 放射性元素が原子核崩壊を起こして発生するエネルギーを，太陽電池や熱電池に与えて発電する。木星よりも太陽から遠いと太陽光が弱くなるため，太陽電池を宇宙探査機に使えないことがある。代わりに寿命が長い原子力電池を使う。

2.2.1　電池の内部抵抗

図 2.6 (a) に電池と負荷抵抗 R をつないだ回路図を示す。電池の中には直流

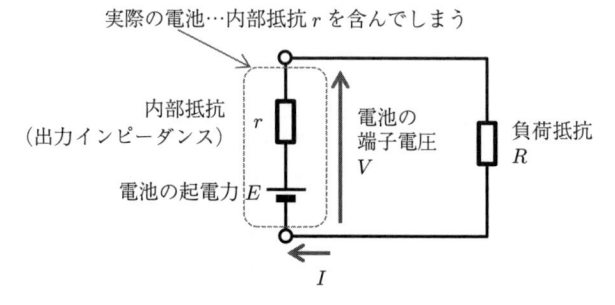

(a)　電池と負荷抵抗の接続図

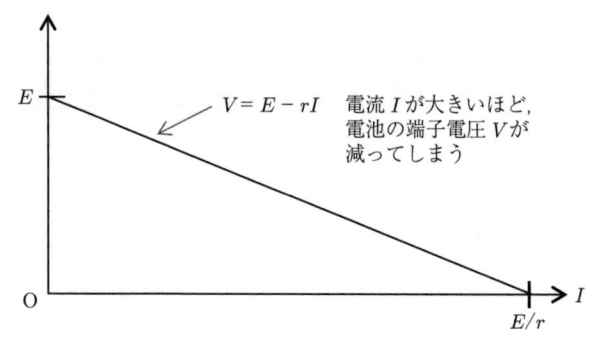

(b)　電池と端子電圧 V と電流 I

図 2.6　電池の内部抵抗による誤差

電圧源 E だけでなく内部抵抗 r も含まれる。E を電池の**起電力**（electromotive force, **emf**），V を**端子電圧**（terminal voltage）という。内部抵抗 r を**出力インピーダンス**（output impedance）という。図 (a) より，R と r とは直列接続なのでその合成抵抗は $R+r$ である（p.9 の式 (1.17)）。その合成抵抗の両端の電位差が E，流れる電流が I なので，オームの法則より

$$E = (R+r)I \quad \therefore \quad I = \frac{E}{R+r} \tag{2.11}$$

となる。負荷 R の両端の電位差が V，流れる電流が I なので，オームの法則より

$$V = RI \tag{2.12}$$

となる。式 (2.11) を代入する。

$$V = \frac{R}{R+r}E = \frac{R+r-r}{R+r}E = \left(1 - \frac{r}{R+r}\right)E$$
$$\therefore \text{ 電池の端子電圧 } V = E - \frac{rE}{R+r} \tag{2.13}$$

右辺第 2 項は R を分母にもつ。そのため，負荷抵抗 R が小さいほど，端子電圧 V が減ってしまう。右辺第 2 項に式 (2.11) の $I = \dfrac{E}{R+r}$ を代入すると

$$\text{電池の端子電圧 } V = E - rI \tag{2.14}$$

となる。これをグラフにしたのが図 (b) である。グラフより，負荷電流 I が大きくなるほど，端子電圧 V が減ってしまうことがわかる。以上より，電圧源の内部抵抗（出力インピーダンス）は小さいほどよく，理想電圧源ではゼロである。

2.2.2 電池の直列接続

図 **2.7** に電池を直列接続した回路とその水流モデルを示す。R の電圧降下を E として，I のループに対してキルヒホッフの電圧則（p.7）を用いると

$$E = E_1 + E_2 \tag{2.15}$$

直列接続は高さ E_1 まで吸い上げて，
さらに E_2 まで吸い上げるので $E = E_1 + E_2$ 上がる

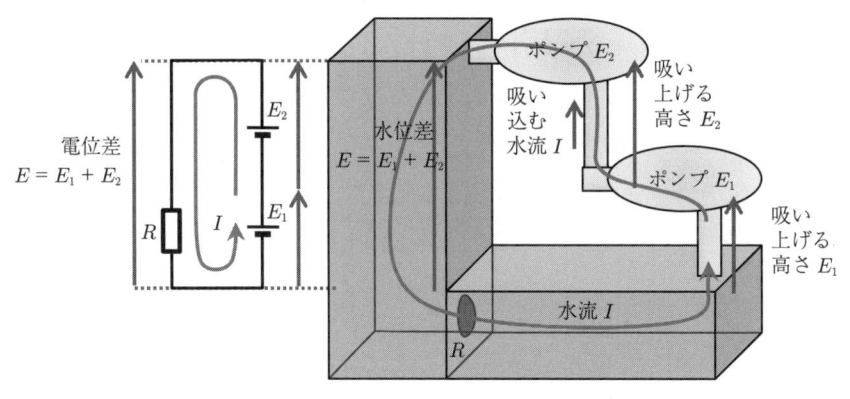

図 2.7 電池の直列接続

となる．つまり，ポンプ E_1 によって E_1 だけ吸い上げられた水が，ポンプ E_2 によってさらに吸い上げられて，合計の高さが和の $E_1 + E_2$ になるのである．これを複数の電圧源 E_1, E_2, $\cdots$ を直列に接続した場合に拡張すると，全体の電圧 E はつぎのように和になる．

$$\text{電圧源の直列接続 } E = E_1 + E_2 + \cdots \tag{2.16}$$

E_1, E_2, $\cdots$ を流れる電流はすべて I である．

2.2.3 電池の並列接続

図 **2.8** に電池を並列接続した回路とその水流モデルを示す．二つのポンプが

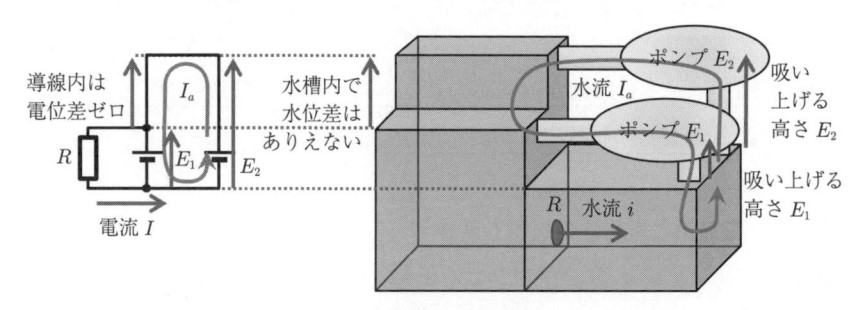

図 2.8 電池の並列接続

並列につながっているため，どちらも左側の同じ一つの水槽に水をくみ上げている。一つの水槽内で水位差を生じることはありえない。そのため，ポンプ E_2 のほうがくみ上げる水位が高いと，すぐに水はポンプ E_1 を通って下に流れる。しかし，ポンプ自体の内部抵抗 r はゼロなので，下に流れた水がすぐにくみ上げられ，E_1 と E_2 の間で水の流れ I_a を生じる。オームの法則より，このときの I_a は $I_a = \dfrac{E_1 - E_2}{r}$ となり，理想電圧源は $r = 0$ なので $I_a = \infty$ となる。つまり，ポンプ E_2 は，∞ の速さでくみ上げなければならないため壊れてしまうだろう。電気も同じで電流が ∞ になってしまうため，電圧源を並列接続してはいけない。しかし，実際の電池では内部抵抗 r がゼロでないために電流が ∞ までは大きくならず，熱をもったり早く電池が切れたりするだけで済むことが多い。また，水の流れの場合，逆方向に水が流れないように，一方向にしか水を流さない逆止弁を付ければ大丈夫である。電池の場合は，一方にしか電流を流さないダイオードを付ければこの問題が改善される。

2.3　キルヒホッフの法則による回路解析

　電気回路のすべての負荷の電流と電圧を求めることを，電気回路を解くという。直流電源または交流電源と抵抗，コイル，コンデンサで構成した電気回路は，すべてキルヒホッフの法則を用いれば解くことができる。負荷と電源が少ない簡単な回路は，直列・並列接続の公式とオームの法則で解ける。しかし，負荷や電源が多く複雑になると，それでは解けない。そこでここでは，キルヒホッフの法則を用いて，手順とおりに式を立てて機械的に解く方法を理解しよう。

　直流回路では，十分時間が経過したとき，コイルは $0\,\Omega$ の抵抗（p.18），コンデンサは $\infty\,[\Omega]$ の抵抗（p.23）と等価である。

2.3.1　電流源と電圧源の等価な変換

　図 **2.9** に，負荷抵抗 R を接続した電圧源と電流源を示す。点線で囲った部分は，たがいに等価で，たがいに置き換えられることをこれから示す。電圧源に

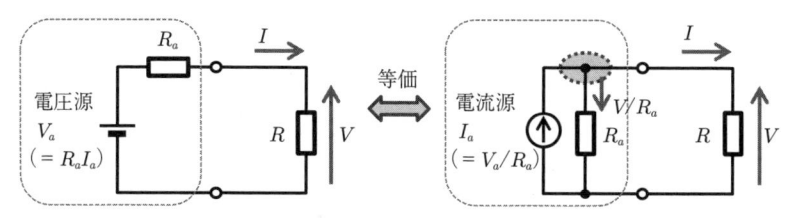

2.3 キルヒホッフの法則による回路解析

$V_a = R_a I + V$ ← キルヒホッフの電圧則
∴ $V_a/R_a = I + V/R_a$ → $V_a/R_a = I_a$ とおく → ∴ $I_a = I + V/R_a$ ← 電流則

図 2.9 電流源と電圧源の等価な変換の考え方

ついて，R_a の両端の電圧降下はオームの法則より $R_a I$ なので，キルヒホッフの電圧則（p.7）より

$$V_a = R_a I + V$$
$$\therefore \frac{V_a}{R_a} = I + \frac{V}{R_a} \quad \leftarrow 両辺 \div R_a \tag{2.17}$$

となる。電流源について，R と R_a が並列接続なので，R_a の両端の電位差は R と同じ V である（p.12 の式 (1.20)）。ゆえにオームの法則より，R_a を流れる電流は $\dfrac{V}{R_a}$ である。図の点線で囲った楕円内の節点についてキルヒホッフの電流則（p.6）より

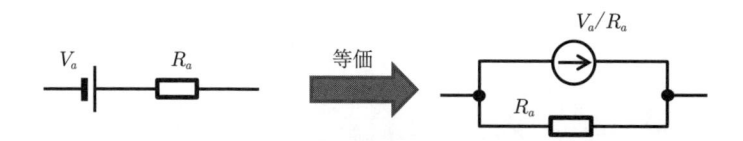

（a）電圧源から電流源への変換

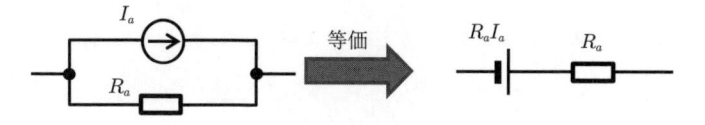

（b）電流源から電圧源への変換

図 2.10 電流源と電圧源の等価な変換

$$I_a = I + \frac{V}{R_a} \tag{2.18}$$

である。式 (2.17) の右辺と式 (2.18) の右辺は同じである。したがって $\frac{V_a}{R_a} = I_a$ である。これより，図 **2.10** に示すように，つぎのように等価に変換できる。

> 図 2.10 (a) の電圧源 V_a を，図 (b) の電流源 $I_a = \frac{V_a}{R_a}$ に変換 　(2.19)
>
> 図 2.10 (b) の電流源 I_a を，図 (a) の電圧源 $V_a = R_a I_a$ に変換 　(2.20)

2.3.2 網目解析

つぎの手順を踏めば電流源を含まない回路の各部電圧と電流を求めることができる。この手順を**網目解析**（mesh analysis，あるいは**ループ解析，メッシュ解析，網目電流法，閉路解析**）という。電流源を含む場合は，電流源から電圧源への変換（図 2.10）を利用する。変換できない電流源であれば，後述の重ね合わせの原理と節点解析も利用する。

> ① ループ電流 (回路内を一回りの輪のように流れる電流) を決める。
>   a) ループ電流の向きは，適当に決める。
>   b) ループ電流の数は，全電源と全負荷を通る最小の数。
> ② 各ループについて，キルヒホッフの電圧則（p.7）で回路方程式「全電源電圧の総和＝全負荷の電圧降下の総和」を立てる。
>   a) 電源電圧の符号は，ループ電流を流す方向ならプラス，逆ならマイナス。
>   b) 電圧降下はオームの法則で計算。各負荷に流れる電流はループ電流の和で，そのループのループ電流と同じ方向の電流はプラス，逆ならマイナス。
> ③ 立てた式を連立一次方程式として解き，ループ電流を求める。連立一次方程式を行列（p.125）で表して，掃き出し法（p.131）を使えば機械的

に解ける。

④ 各負荷に流れる電流はループ電流の和である。各負荷の電圧はオームの法則より求まる。

例題 2.2 網目解析で図 **2.11** の各抵抗を流れる電流と電圧降下を求めよう。

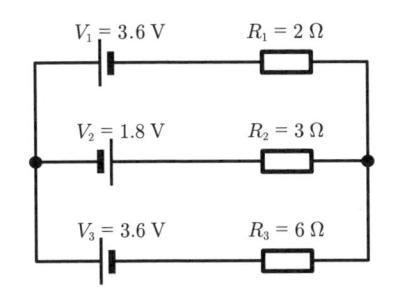

$V_1 = 3.6\,\text{V}$　　$R_1 = 2\,\Omega$

$V_2 = 1.8\,\text{V}$　　$R_2 = 3\,\Omega$

$V_3 = 3.6\,\text{V}$　　$R_3 = 6\,\Omega$

図 **2.11**　網目解析の例題

【解答】　図 **2.12** に網目解析の手順①と手順②を示す。

手順①：ループ電流を決める。

図 2.12 に示すように，ループ電流 I_1 と I_2 を決めた。どちらも向きは適当に時計回りにしたが，反時計回りでもかまわない。答えは結局同じになる。I_1 と I_2 とで，全電源と全負荷を通るので，ループ電流はこれで十分である。

手順②：各ループについて式を立てる。

図 2.12 に示す手順で回路方程式を求めた。

まず I_2 のループから考える。② a) について，V_3 の + 極は左なので，電流を左に流そうとする。I_2 はその方向に V_3 を流れているので，V_3 の符号は + である。同様に V_2 も I_2 を流れる方向に流そうとするので，V_2 の符号も + である。ゆえに

$$\text{電源電圧の総和は } V_3 + V_2 \tag{2.21}$$

である。② b) について，R_3 を流れる電流は I_2 だけである。I_2 のループなので，I_2 の符号は + である。よって R_3 の電圧降下はオームの法則より，$R_3 I_2$ である。R_2 を流れる電流は I_2 と I_1 である。I_2 のループなので，I_2 は + だが，I_2 と逆方向に流れる I_1 は − である。したがって，R_2 を流れる電流はその和の $I_2 - I_1$ である。オームの法則より，R_2 の電圧降下は $R_2(I_2 - I_1)$ である。ゆえに

$$\text{負荷の電圧降下の総和は } R_2(I_2 - I_1) + R_3 I_2 \tag{2.22}$$

① ループ電流（一回りの輪を流れる電流）を決める
 a) 向き適当
 b) ループ数は，全経路を通る最小の数

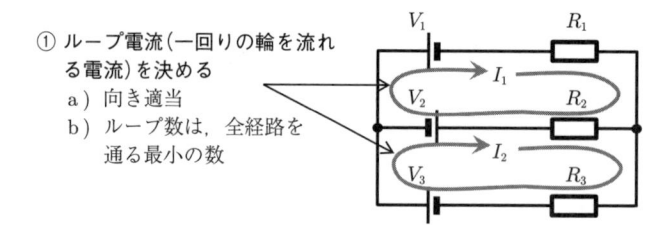

② 各ループについて「電源電圧の総和＝負荷の電圧降下の総和」の式を立てる
 a) 電源電圧の符号は，ループ電流を流す方向なら＋，逆なら－
  I_1 を妨げる → $-V_1$
  I_1 を妨げる → $-V_2$
  I_2 を流す → $+V_2$
  $+V_3$ ← I_2 を流す

 b) 電圧降下はオームの法則で計算
  各負荷に流れる電流はループ電流の和で，そのループのループ電流と同じ方向の電流はプラス，逆ならマイナス
  I_1 ループは $R_2(I_1 - I_2)$
  I_2 ループは $R_2(I_2 - I_1)$

I_1 ループ $-V_2 - V_1 = R_1 I_1 + R_2(I_1 - I_2)$
I_2 ループ $V_3 + V_2 = R_2(I_2 - I_1) + R_3 I_2$

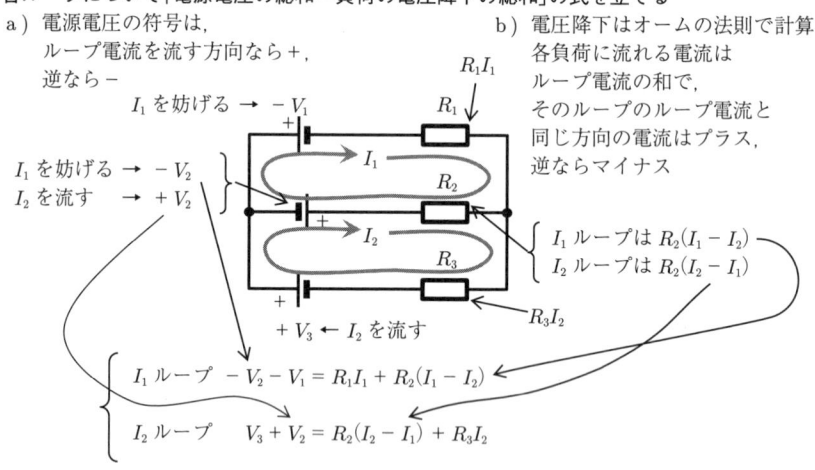

図 **2.12**　網目解析の例題を解く手順①と手順②

である。手順②より，式 (2.21) と式 (2.22) とは等しいので次式を得る。

$$I_2 \text{ループの回路方程式 } V_3 + V_2 = R_2(I_2 - I_1) + R_3 I_2 \quad (2.23)$$

つぎに I_1 のループを考える。② a) について，V_1 の＋極は左なので，電流を左に流そうとする。しかし I_1 はその逆方向に V_1 を流れているので，V_1 の符号は－である。同様に V_2 も I_1 の流れを妨げるので，V_2 の符号も－である。ゆえに

$$\text{電源電圧の総和は } -V_1 - V_2 \quad (2.24)$$

である。② b) について，R_1 を流れる電流は I_1 だけである。I_1 のループなので，I_1 の符号は＋である。よって R_1 の電圧降下はオームの法則より，$R_1 I_1$ である。R_2 を流れる電流は I_1 と I_2 である。I_1 のループなので，I_1 は＋だが，I_1 と逆方向に流れる I_2 は－である。したがって，R_2 を流れる電流はその和の $I_1 - I_2$ である。オームの法則より，R_2 の電圧降下は $R_2(I_1 - I_2)$ である。ゆえに

2.3 キルヒホッフの法則による回路解析

負荷の電圧降下の総和は $R_1 I_1 + R_2 (I_1 - I_2)$ (2.25)

である。手順②より，式 (2.24) と式 (2.25) とは等しいので次式を得る。

I_1 ループの回路方程式 $\quad -V_1 - V_2 = R_1 I_1 + R_2 (I_1 - I_2)$ (2.26)

手順③：立てた式を連立方程式として解き，ループ電流を求める。

式 (2.23), (2.26) より，つぎの連立一次方程式を得る。

$$\begin{cases} I_1 \text{ループ} & -V_1 - V_2 = (R_1 + R_2) I_1 - R_2 I_2 \\ I_2 \text{ループ} & V_3 + V_2 = -R_2 I_1 + (R_2 + R_3) I_2 \end{cases} \quad (2.27)$$

この連立一次方程式を普通に解いてもよいが，ここでは行列を用いて解く。その理由は，行列を用いる方法では，連立する式の数が増えても機械的に解けるからである。式 (2.27) を行列で表す (p.125)。

$$\underbrace{\begin{bmatrix} -V_1 - V_2 \\ V_3 + V_2 \end{bmatrix}}_{\boldsymbol{V} \text{とおく}} = \underbrace{\begin{bmatrix} R_1 + R_2 & -R_2 \\ -R_2 & R_2 + R_3 \end{bmatrix}}_{\boldsymbol{R} \text{とおく}} \underbrace{\begin{bmatrix} I_1 \\ I_2 \end{bmatrix}}_{\boldsymbol{I} \text{とおく}} \quad (2.28)$$

ゆえに $\boldsymbol{V} = \boldsymbol{R}\boldsymbol{I}$ と表せる。左から $\boldsymbol{R}^{-1}$ を掛けると

$$\boldsymbol{I} = \boldsymbol{R}^{-1} \boldsymbol{V} \quad (2.29)$$

となる（逆行列は p.131）。この式に V_1, V_2, R_1, R_2 などの値を代入して計算すればループ電流 $\boldsymbol{I}$ が求まる。実際に計算すると

$$I_1 = -0.9, \quad I_2 = 0.3 \quad (2.30)$$

となる。

手順④：各負荷を流れる電流はループ電流の和である。各負荷の電圧降下はオームの法則で求まる。

R_1 を流れる電流は I_1 だけである。$I_1 = -0.9$ のマイナスは反対方向に流れることを意味するので，R_1 を左に $0.9\,\mathrm{A}$ 流れる。その電圧降下はオームの法則より，$R_1 (-I_1) = 2 \times 0.9 = 1.8\,\mathrm{V}$ である。

R_2 を流れる電流は $I_2 - I_1 = 0.3 - (-0.9) = 1.2\,\mathrm{A}$ である。その方向はプラスの I_2 と同じ右である。その電圧降下はオームの法則より，$R_2 (I_2 - I_1) = 3 \times 1.2 = 3.6\,\mathrm{V}$ である。

R_3 を流れる電流は I_2 だけである。$I_2 = 0.3$ より，I_2 の方向の左に $0.3\,\mathrm{A}$ 流れる。その電圧降下はオームの法則より，$R_3 I_2 = 6 \times 0.3 = 1.8\,\mathrm{V}$ である。 ◇

2.3.3 節点解析

つぎの手順を踏めば電圧源を含まない回路の各部電圧と電流を求めることができる。この手順を**節点解析**（nodal analysis，あるいは**ノード解析**，**節点電位法**）という。電圧源を含む場合は，電圧源から電流源への変換（図 2.10）を利用する。変換できない電圧源があれば，後述の重ね合わせの原理で回路を分けて網目解析（p.44）で解く。

① 節点（回路の分岐点）の一つをグランド（0 V）に選び，それ以外の節点の電位に V_a, V_b などの名前を付ける。
② V_a, V_b などの節点について，キルヒホッフの電流則（p.6）より「節点に流入する電流の和＝流出する電流の和」の式を立てる。
③ 立てた式を連立一次方程式にして V_a, V_b などを解く。連立一次方程式を行列（p.125）で表して，掃き出し法（p.131）を使えば機械的に解ける。
④ オームの法則より，各部の電流と電圧を求める。

例題 2.3 節点解析で図 **2.13** の各抵抗を流れる電流と電圧降下を求めよう。

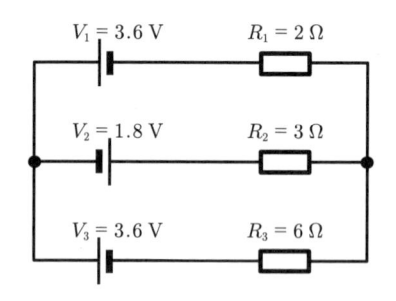

$V_1 = 3.6$ V　　$R_1 = 2\,\Omega$
$V_2 = 1.8$ V　　$R_2 = 3\,\Omega$
$V_3 = 3.6$ V　　$R_3 = 6\,\Omega$

図 **2.13**　節点解析の例題

【解答】 まず，図 2.10 より電圧源を電流源に変換すると，図 2.14 の左側の回路になる。導体で直接つながっている部分の電位は同じであるため，その部分の節点はすべて一つにまとめることができる。一つにまとめると，図 **2.14** の右側の回路になる。

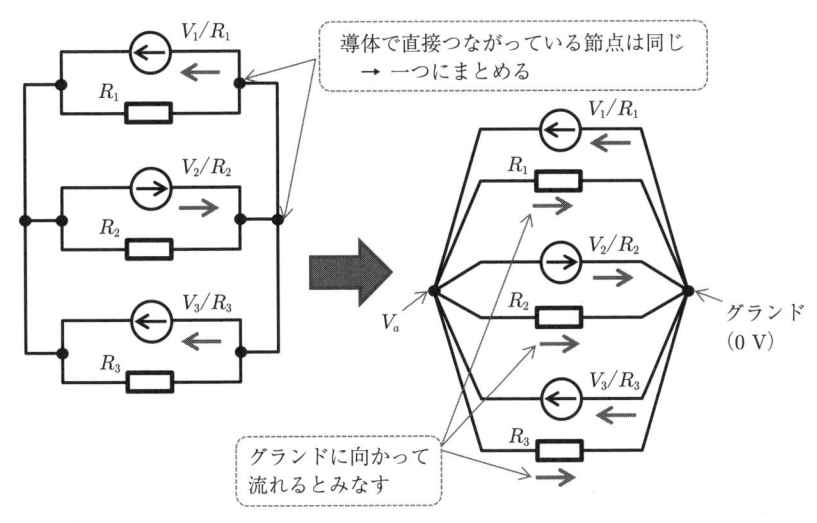

2.3 キルヒホッフの法則による回路解析

図 2.14 節点解析の例題の手順の一部

手順①：節点の一つをグランド（0 V）に選び，それ以外の節点の電位に V_a, V_b などの名前を付ける

この回路には節点が二つある。右側の節点の電位をグランド（0 V）に選び，左側の節点を V_a とする。どの節点をグランドにしても答えは同じになる。

手順②：V_a, V_b などの節点について式を立てる

三つの電流源から節点 V_a に流入する電流の和は図より $\dfrac{V_1}{R_1} - \dfrac{V_2}{R_2} + \dfrac{V_3}{R_3}$ である。真ん中の電流源は節点 V_a から流出しているため，マイナスの符号を付けた。R_1, R_2, R_3 を流れる電流はオームの法則より $\dfrac{V_a}{R_1}, \dfrac{V_a}{R_2}, \dfrac{V_a}{R_3}$ である。これらはグランドに流れるとみなすので，節点 V_a から流出する。それらの和は $\dfrac{V_a}{R_1} + \dfrac{V_a}{R_2} + \dfrac{V_a}{R_3}$ である。両者は等しいので，つぎの式を得る。

$$\frac{V_1}{R_1} - \frac{V_2}{R_2} + \frac{V_3}{R_3} = \frac{V_a}{R_1} + \frac{V_a}{R_2} + \frac{V_a}{R_3} \tag{2.31}$$

手順③：立てた式を連立方程式にして V_a, V_b などを解く

式 (2.31) を変形する。

$$V_1 R_1^{-1} - V_2 R_2^{-1} + V_3 R_3^{-1} = V_a \left(R_1^{-1} + R_2^{-1} + R_3^{-1} \right)$$

$$\therefore \quad V_a = \frac{V_1 R_1^{-1} - V_2 R_2^{-1} + V_3 R_3^{-1}}{R_1^{-1} + R_2^{-1} + R_3^{-1}} \tag{2.32}$$

R_1, V_1 などの値を代入して計算すると $V_a = 1.8\,\text{V}$ を得る。

手順④：オームの法則より，各部の電流と電圧を求める

まず，図 2.14 の左側の回路の電流源に変換した三つの部分（電流源と R_1 などの並列接続）の電流を求める。この電流が図 2.13 の R_1 などを流れる電流なので，オームの法則より R_1 などの電圧降下が計算できる。

R_1 には図 2.14 より右に $\dfrac{V_a}{R_1} = \dfrac{1.8}{2} = 0.9\,\mathrm{A}$ 流れ，電流源には左に $\dfrac{V_1}{R_1} = \dfrac{3.6}{2} = 1.8\,\mathrm{A}$ 流れるので，足すと左に $1.8 - 0.9 = 0.9\,\mathrm{A}$ 流れる。これが図 2.13 の R_1 を流れる電流である。ゆえにオームの法則より，図 2.13 の R_1 の電圧降下は $R_1 \cdot 0.9 = 2 \cdot 0.9 = 1.8\,\mathrm{V}$ である。

R_2 には図 2.14 より右に $\dfrac{V_a}{R_2} = \dfrac{1.8}{3} = 0.6\,\mathrm{A}$ 流れ，電流源には右に $\dfrac{V_2}{R_2} = \dfrac{1.8}{3} = 0.6\,\mathrm{A}$ 流れるので，足すと右に $0.6 + 0.6 = 1.2\,\mathrm{A}$ 流れる。これが図 2.13 の R_2 を流れる電流である。ゆえにオームの法則より，図 2.13 の R_2 の電圧降下は $R_2 \cdot 1.2 = 3 \cdot 1.2 = 3.6\,\mathrm{V}$ である。

R_3 には図 2.14 より右に $\dfrac{V_a}{R_3} = \dfrac{1.8}{6} = 0.3\,\mathrm{A}$ 流れ，電流源には左に $\dfrac{V_3}{R_3} = \dfrac{3.6}{6} = 0.6\,\mathrm{A}$ 流れるので，足すと左に $0.6 - 0.3 = 0.3\,\mathrm{A}$ 流れる。これが図 2.13 の R_3 を流れる電流である。ゆえにオームの法則より，図 2.13 の R_3 の電圧降下は $R_3 \cdot 0.3 = 6 \cdot 0.3 = 1.8\,\mathrm{V}$ である。 ◇

2.4 電気回路の他の定理

抵抗と電圧源と電流源からなる回路はすべて，網目解析と節点解析で解くことができる。ここでは，より簡単に解くときに便利な定理を理解しよう。

2.4.1 重ね合わせの原理

つぎの**重ね合わせの原理**（principle of superposition，あるいは**重ね合わせの理**，<ruby>重<rt>ちょう</rt></ruby><ruby>畳<rt>じょう</rt></ruby>の<ruby>理<rt>り</rt></ruby>）を使うと，複数の電源をもつ回路を簡単に解ける（p.139 の証明を参照）。

- **仮　　定** … 回路のすべての素子について，素子を流れる電流とその電圧降下とが比例する。つまりオームの法則が成り立つ。このとき，

線形であるという。

- **原　　理** … 電源を複数もつ回路において，各素子を流れる電流とその電圧降下は，それぞれの電源が単独に存在していた場合の和に等しい。電圧源を取り除くことは，電圧源の電位差をゼロにすることなので，電圧源を導線に置き換えて短絡する。電流源を取り除くことは，流す電流をゼロにすることなので，電流源を取り外して開放する。

例題 2.4 図 2.15 (a) の回路の各素子を流れる電流とその電圧降下を求めよう。

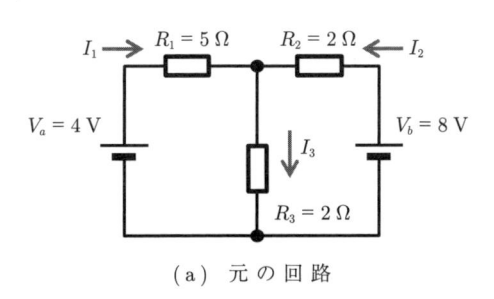

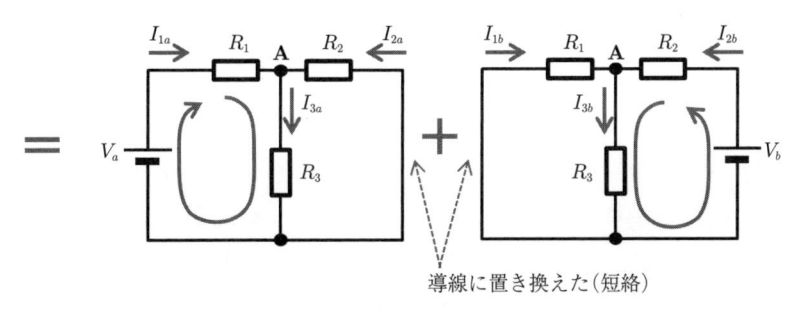

(a) 元 の 回 路

(b) V_a だけの回路　　　(c) V_b だけの回路

図 2.15　重ね合わせの原理による回路解析の例

【解答】 重ね合わせの原理によると，電源が V_a だけの図 (b) の回路の I_{1a}, I_{2a}, I_{3a} と，V_b だけの図 (c) の回路の I_{1b}, I_{2b}, I_{3b} を求め

$$\begin{cases} I_1 = I_{1a} + I_{1b} \\ I_2 = I_{2a} + I_{2b} \\ I_3 = I_{3a} + I_{3b} \end{cases} \tag{2.33}$$

を計算すればよい。では実際に解いてみよう。

図 (b) の回路について，R_2 と R_3 とが並列 (p.13 の式 (1.26)) で，その合成抵抗と R_1 とが直列 (p.9 の式 (1.17)) なので全体の合成抵抗 R_a は

$$R_a = R_1 + \left(R_2^{-1} + R_3^{-1}\right)^{-1} = 5 + \left(2^{-1} + 2^{-1}\right)^{-1} \tag{2.34}$$

$$\therefore\ R_a = 5 + (1)^{-1} = 6 \tag{2.35}$$

である。R_a の両端の電位差が V_a で，I_{1a} が流れているので，オームの法則より

$$I_{1a} = \frac{V_a}{R_a} = \frac{4}{6} = \frac{2}{3} \tag{2.36}$$

を得る。図 (b) のループについてキルヒホッフの電圧則 (p.7) より

$$V_a = R_1 I_{1a} + R_3 I_{3a}$$
$$4 = 5 \cdot \frac{2}{3} + 2 I_{3a}$$
$$\therefore\ I_{3a} = 2 - \frac{5}{3} = \frac{6-5}{3} = \frac{1}{3} \tag{2.37}$$

を得る。節点 A について，キルヒホッフの電流則 (p.6) より

$$I_{1a} + I_{2a} = I_{3a}$$
$$\frac{2}{3} + I_{2a} = \frac{1}{3} \quad \therefore\ I_{2a} = -\frac{1}{3} \tag{2.38}$$

を得る。

図 (c) の回路について，R_1 と R_3 とが並列で，その合成抵抗と R_2 とが直列なので全体の合成抵抗 R_b は

$$R_b = R_2 + \left(R_1^{-1} + R_3^{-1}\right)^{-1} = 2 + \left(5^{-1} + 2^{-1}\right)^{-1} \tag{2.39}$$

$$\therefore\ R_b = 2 + \left(\frac{7}{10}\right)^{-1} = \frac{24}{7} \tag{2.40}$$

である。R_b の両端の電位差が V_b で，I_{2b} が流れているので，オームの法則より

$$I_{2b} = \frac{V_b}{R_b} = 8 \cdot \frac{7}{24} = \frac{7}{3} \tag{2.41}$$

を得る。図 (c) のループについてキルヒホッフの電圧則より

$$V_b = R_2 I_{2b} + R_3 I_{3b}$$

$$8 = 2 \cdot \frac{7}{3} + 2I_{3b}$$
$$\therefore \quad I_{3b} = 4 - \frac{7}{3} = \frac{12-7}{3} = \frac{5}{3} \tag{2.42}$$

を得る。節点 A について，キルヒホッフの電流則より

$$I_{1b} + I_{2b} = I_{3b}$$
$$I_{1b} + \frac{7}{3} = \frac{5}{3} \quad \therefore \quad I_{1b} = -\frac{2}{3} \tag{2.43}$$

を得る。

以上より，重ね合わせの原理によって I_1, I_2, I_3 を得て，オームの法則より R_1, R_2, R_3 の電圧降下 V_1, V_2, V_3 を得る。

$$\begin{cases} I_1 = I_{1a} + I_{1b} = \dfrac{2}{3} + \left(-\dfrac{2}{3}\right) = 0\,\text{A}, & V_1 = R_1 I_1 = 0\,\text{V} \\ I_2 = I_{2a} + I_{2b} = -\dfrac{1}{3} + \dfrac{7}{3} = 2\,\text{A}, & V_2 = R_2 I_2 = 4\,\text{V} \\ I_3 = I_{3a} + I_{3b} = \dfrac{1}{3} + \dfrac{5}{3} = 2\,\text{A}, & V_3 = R_3 I_3 = 4\,\text{V} \end{cases} \tag{2.44}$$

◇

2.4.2 鳳・テブナンの定理

鳳(ほう)・テブナンの定理（Thevenin's theorem，あるいはテブナンの定理，等価電圧源の定理）は，1853 年にフランスのシャルル・テブナンが発表し，1922 年に日本の鳳秀太郎(ほうひでたろう)[†] が交流電源でも成り立つことを発表した。

この定理によると，線形な電気回路は，図 **2.16** (a) に示すように電圧源 V_a と抵抗 R_a を直列に接続したシンプルな回路と等価である（証明は p.141）。負荷抵抗 R を変えても，等価な二つの回路の I と V はまったく同じになる。そのため二つの回路の V と I をいくら見比べても区別できない。V_a は図 (b) に示すように負荷抵抗 R を取り外して，回路の端子を開放したときの電圧である。R_a は図 (c) に示すように負荷抵抗 R を取り外して，回路内の全電源を取り除いたときの端子間の抵抗（回路の合成抵抗）である。電源を取り除くとき，電圧源は短絡し，電流源は開放する (p.51)。

[†] 鳳秀太郎は，東京帝国大学工学部教授で与謝野晶子の実兄である。

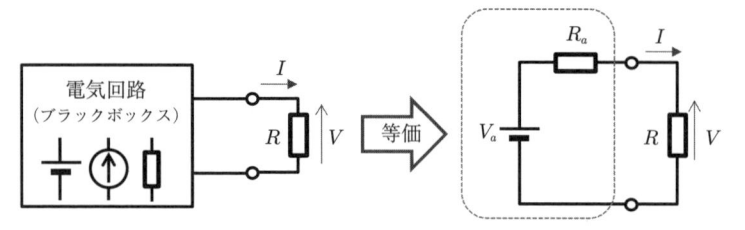

（a）電気回路を V_a と R_a の直列接続に置き換えられる

（b）V_a は開放電圧

（c）R_a は全電源を取り除いたときの合成抵抗

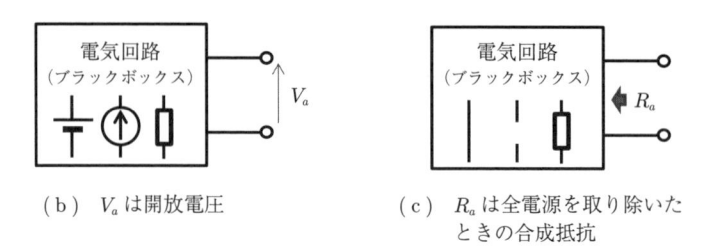

図 2.16　鳳・テブナンの定理

2.4.3　ノートンの定理

電流源と電圧源の等価変換（p.43 の図 2.10（a））を鳳・テブナンの定理による等価回路に用いると，線形な電気回路は図（a）に示すように

$$R_a = R_a \tag{2.45}$$

$$I_a = \frac{V_a}{R_a} \tag{2.46}$$

を並列に接続した回路と等価である．これを，ノートンの定理という．

2.5　直流回路の電力

2.5.1　RLC の消費電力

電力の定義は $P = VI$ である（p.5 の式 (1.6)）．

〔1〕**抵抗の消費電力**　　抵抗の電力は $P = VI$ にオームの法則 $V = RI$ を代入すると

$$P = RI^2$$

となる（p.5 の式 (1.8)）。

〔2〕 **コイルの消費電力** コイルは，水の流れでは摩擦のない水車である。摩擦のない水車は，水の流れが一定のとき，一定の速度で回転する。これは等速運動であり，水の流れを妨げない。したがって，水車を通る前後に水位差は発生しない。電気でも同じで，コイルは直流回路では，スイッチを入れてから十分時間が経過すると，電流 I が一定のときにコイルの両端の電位差 V がなくなり $V = 0$ になる。これは導線と同じで抵抗値もゼロである。$V = 0$ を $P = VI$ に代入すると，電流 I が一定のときのコイルの消費電力はゼロになる。

〔3〕 **コンデンサの消費電力** コンデンサは，水の流れではゴム風船である。ゴム風船は，水圧が一定のとき，その水圧と釣り合うまで膨らむ。膨らんでしまうと水を通さない。したがって，水の流れはゼロである。電気でも同じで，コンデンサは，直流回路では，スイッチを入れてから十分時間が経過すると，電圧 V が一定のときにコンデンサを流れる電流 I がゼロになる（p.23 の③）。これは空気などの絶縁体と同じである。$I = 0$ を $P = VI$ に代入すると，電圧 V が一定のときのコンデンサの消費電力はゼロになる。

2.5.2 RLC のエネルギー

〔1〕 **抵抗のエネルギー** 抵抗の電力 $P = RI^2$ を，エネルギーの定義式 (1.9)（p.5）に代入する。

$$E = \int_0^T P\, dt = \int_0^T RI^2 dt = RI^2 \int_0^T dt \quad \leftarrow 直流回路では I は定数$$
$$= RI^2 [t]_0^T = RI^2 (T - 0)$$

ゆえに

$$\text{抵抗のエネルギー } E = RI^2 T \tag{2.47}$$

である。この E は，抵抗に T 秒間電流を流したときに熱や光となって消費される電気エネルギーである。電気ストーブや湯沸し器などのヒータは電気回路では抵抗であり，電気エネルギーを熱エネルギーに変換する。

〔**2**〕 **コイルのエネルギー**　水車が止まっている状態から，一定の水が流れる等速運動をするまでにエネルギーが必要である．等速運動中は，そのエネルギーを運動エネルギーとして保持している．また，水車が止まっている状態から，等速運動をするまでの間，水位差を生じ，それによって水車が加速する．その間は $V=0$ でないため，電力 $P=VI$ もゼロではない．図 **2.17** のように十分時間が経過すると $P=0$ になるのである．積分の定義は図 2.17 に示す面積である．エネルギーの定義 $E = \int_0^T P\,dt$ より，このグラフの面積が E なのである．等速運動をして一定の電流 I になっているとき，インダクタンス L のコイルのエネルギー E は，p.25 の表 1.2 より

$$\text{コイルのエネルギー}\quad E = \frac{1}{2}LI^2 \tag{2.48}$$

である．

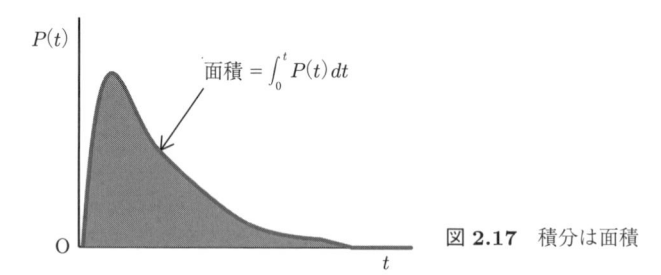

図 **2.17**　積分は面積

〔**3**〕 **コンデンサのエネルギー**　ゴム風船がしぼんでいる状態から，膨らみきるまでの間，水が流れる．膨らみきると水が流れない．水が流れている間に，エネルギー E がたまる．膨らみきったときの電圧を V とすると，電気容量 C のコンデンサのエネルギー E は，p.25 の表 1.2 より

$$\text{コンデンサのエネルギー}\quad E = \frac{1}{2}CV^2 \tag{2.49}$$

である．

2.5.3 抵抗の発熱による水温上昇

質量 m [kg] の水の水温を，ΔT [°C] 上昇させるために必要なエネルギー E は

$$水の熱エネルギー \quad E = Cm\Delta T \tag{2.50}$$

である。このエネルギーを，熱力学では**熱エネルギー**または**熱量**という。$C = 4.19 \times 10^3$ J/(kg·K) であり，水の**比熱**（specific heat）という。鉄は水よりも簡単に熱くなり，すぐに冷める。このような鉄の比熱は水よりも小さい。ヒータで発熱した電気エネルギー E が 100% すべて水の水温上昇に使われたとき，その熱エネルギーは E である。このとき式 (2.47), (2.50) より

$$RI^2T = Cm\Delta T \tag{2.51}$$

が成り立つ。

例題 2.5 2 kg の水の中に，抵抗値 10 Ω のヒータを入れて 5 A の電流を流した。水温を 20° から 50° に上げるためには何分何秒必要か。

【解答】 式 (2.51) より，$10 \cdot 5^2 T = 4.19 \times 10^3 \cdot 2 (50 - 30)$ を解いて，$T = 1\,005.6$ s が得られ，T を 60 で割った商が分，余りが秒なので，16 分 45.6 秒である。 ◇

2.5.4 *RLC* の定格など

表 2.1 に *RLC* の素子名，単位，電圧電流の関係，エネルギー，定格などをまとめる（p.25 の表 1.2）。定格とは，それよりも大きくなるとダメになる限界の量であり，定格を超えると値が変化したり，熱をもったり，壊れたりしてしまう。定格は素子のエネルギーに直接関係する量である。

〔1〕 **抵抗の定格電力** 抵抗は電気エネルギーを消費して，熱や光を発生する。単位時間当りのエネルギーが電力なので，電力 P が直接，エネルギーに関係する。したがって，定格は電力 P である。定格電力を超えると，抵抗値が変化したり，熱によって破損したり燃えたりする。定格電力が大きくなるほ

2. 直流回路を「わかる」

表 2.1 RLC の定格など

	R	L	C
素子名	抵抗	コイル	コンデンサ
物理量	電気抵抗	インダクタンス	電気容量
単 位	Ω（オーム）	H（ヘンリー）	F（ファラド）
水流モデル	粘性摩擦	水車（質量）	ゴム風船（ばね）
v と i	$v = Ri$	$v = L\dot{i}$	$v = \dfrac{1}{C}\int i\,dt$
エネルギー	$E = \int vi\,dt$	$E = \dfrac{1}{2}Li^2$	$E = \dfrac{1}{2}Cv^2$
定 格	電力 $P = vi$	電流 i	電圧 v

ど，熱に耐えるために抵抗のサイズも大きくなる．直流電圧源の場合は，電源電圧を V_c とすると，抵抗値 R の抵抗器にかかる最大の電圧は V_c である（ただし，コイルやコンデンサを使用していると一瞬 V_c を超えることがある）．抵抗を流れる電流を I とすると，オームの法則より，$V_c = RI$ が成り立ち，その抵抗の消費電力 $P = V_c I$ に代入すると，$P = \dfrac{V_c^2}{R}$ となる．よって，<u>抵抗の定格電力は $P = \dfrac{V_c^2}{R}$ よりも大きくなければならない</u>．実際の回路設計では，定格電力をギリギリの電力である $P = \dfrac{V_c^2}{R}$ よりも 20％程度以上，余裕（マージン）をもたせることが多い．

〔2〕 **コイルの定格電流**　コイルのエネルギーは $E = \dfrac{1}{2}Li^2$ なので，定格は電流 i である．定格電流を許容電流ともいう．インダクタンス値が低下し始める電流の値を直流重畳許容電流といい，もっと流して破損したり燃えたりしてしまう電流の値を温度上昇許容電流という．

〔3〕 **コンデンサの定格電圧**　コンデンサのエネルギーは $E = \dfrac{1}{2}Cv^2$ なので，定格は電圧 v である．定格電圧を耐圧（耐電圧）ともいう．耐圧を超えたり，極性を間違えてプラスとマイナスを逆に接続すると，発熱して煙が出たり，中の液が外部に漏れ出すことがある．ひどいときには爆音とともに破裂して破片が高速で四方八方に飛び散るため，非常に危険である．

3 交流回路を「わかる」

電源コンセントは,正弦波の電圧を供給する交流電圧源である。ここでは,交流電圧源または交流電流源と,抵抗,コイル,コンデンサからなる回路について理解しよう。

3.1 正弦波交流回路の解析

ここでは交流の電気回路の解き方を理解しよう。

3.1.1 正弦波交流とは

これまでに学んだ直流は,一定の値をもつ電気である。

これから学ぶ交流は,図 **3.1** に示すように,一定の時間間隔(周期という)でプラスとマイナスを同じ波形で繰り返す電気である。その波形の例として,正弦波,矩形波(パルス波形),三角波,ノコギリ波などがある。波形が正弦波の交流を**正弦波交流**(sine wave AC)という。ここでは正弦波交流について学ぶ。正弦波交流以外の交流や,スイッチを入れてしばらくして一定になるまでの状態(過渡状態)を解析するためには,ラプラス変換が役立つが,制御工学の書籍に詳しく載っているため本書ではふれない。

図 **3.2**(a)に示すように固定したコイルの横で磁石が回転すると,コイルの横が N 極になったり S 極になったりを繰り返す。すると,コイルが発電する電圧はプラスになったりマイナスになったりを繰り返す。このとき,S 極から N 極に向かう磁力線を,コイルと平行な成分と直交する成分とに分解すると,平

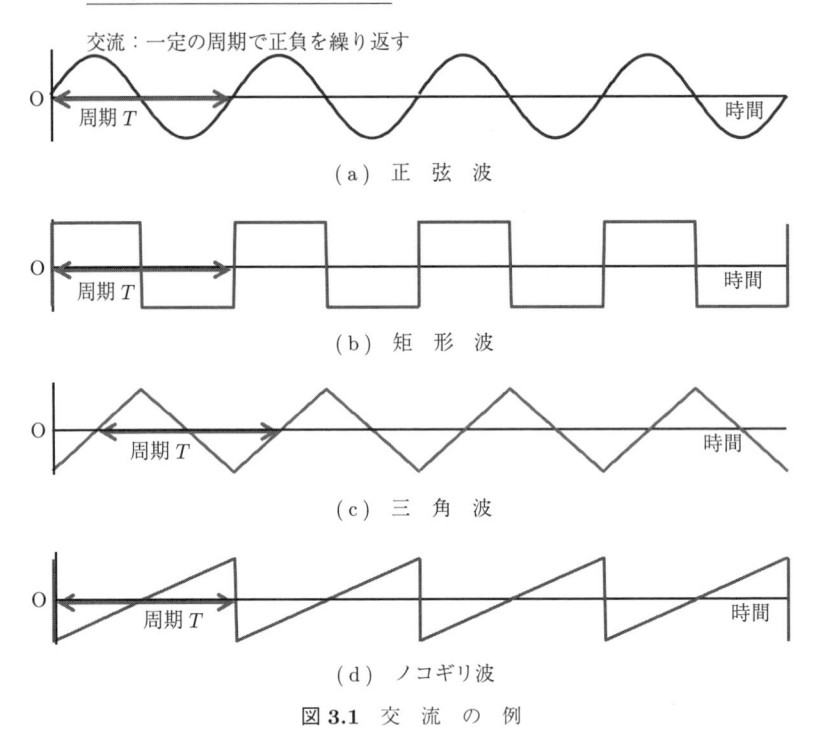

交流：一定の周期で正負を繰り返す

(a) 正 弦 波

(b) 矩 形 波

(c) 三 角 波

(d) ノコギリ波

図 3.1 交 流 の 例

行な成分は正弦波状に変化する。そのため，発電する電圧 $v(t)$ はつぎのように正弦関数（sin 関数）で表せる。

$$\text{正弦波交流電圧 } v(t) = V\sin(\omega t + \phi) \tag{3.1}$$

V〔V〕を振幅（amplitude），ϕ〔rad〕を位相角（phase angle，あるいは位相）という。t〔s〕は時間（s は秒の単位の記号）である。ω〔rad/s〕は一定で角速度（angular velocity）（角周波数（angular frequency））という。ω は磁石が 1 s に回転する角度である。1 s に回転する回数を周波数（frequency）f〔Hz〕という。2π〔rad/s〕で 1 回転なのでつぎの関係にある。

$$\text{角周波数と周波数の関係 } \omega = 2\pi f \tag{3.2}$$

電源コンセントの電圧は正弦波交流で，その周波数 f は西日本では 60 Hz，東

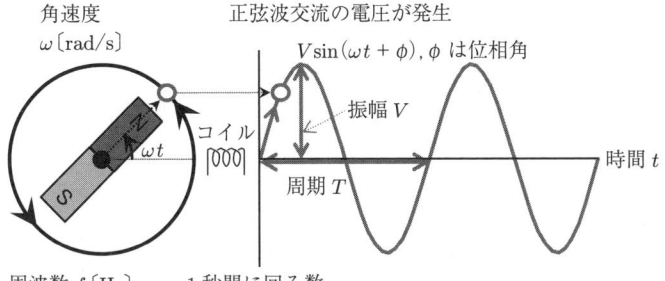

3.1 正弦波交流回路の解析　61

角速度 ω〔rad/s〕　　正弦波交流の電圧が発生

$V\sin(\omega t + \phi)$, ϕ は位相角

振幅 V

周期 T

時間 t

周波数 f〔Hz〕　　…1秒間に回る数
角速度 ω〔rad/s〕…　　〃　　角度　…$\omega = 2\pi f$（角周波数ともいう）
周期 T〔s〕　　　　…1回転に要する時間　…$T = 1/f$

（a）交流発電機とその電圧波形

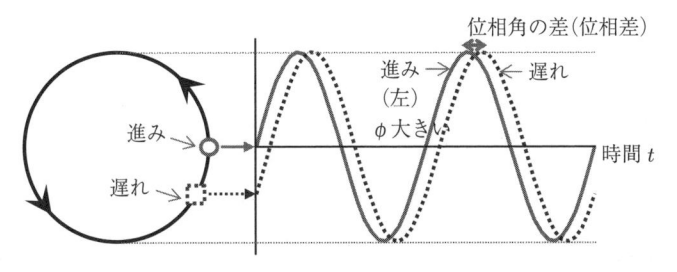

位相角の差（位相差）

進み　　遅れ
（左）
ϕ 大き

進み

遅れ

時間 t

（b）正弦波交流の遅れと進み

図 3.2　交流発電機と正弦波交流

日本では 50 Hz である。ちなみに，その理由は，発電機を初めて輸入した明治時代に，西日本では 60 Hz のドイツから，東日本では 50 Hz のアメリカから輸入して以来，それぞれその周波数に合わせ続けて現在に至るためである。1 s で f 回転するので，1 回転するのに $\dfrac{1}{f}$〔s〕かかる。この時間 T を**周期**（period）といい，つぎの関係にある。

周期と周波数の関係　$T = \dfrac{1}{f}$　　　　　　　　　　　　　　　　　　(3.3)

交流は周期 T が一定で値があらかじめわかっているので，f, ω ともに一定で値がわかっている。そのため，正弦波交流の式 (3.1) は<u>振幅 V と位相角 ϕ だけわかれば決定できる</u>。

図 3.2 (b) の円周上に丸と四角を置き，磁石と同じ角速度で回すと，丸に遅れて四角が追いかけているように見える．丸と四角の上下の動きを横軸が時間のグラフにすると，どちらも正弦波になり，丸の正弦波は四角の正弦波よりも左にある．この左側の正弦波を進み (lead)，右側を遅れ (lag) といい，進みのほうがその位相角が大きい．二つの位相角の差を位相差 (phase difference，あるいは位相) という．丸のほうが周回遅れで四角よりも遅れているかもしれない．しかし，丸と四角の角速度は同じなので，周回遅れはありえない．そのため，位相差の範囲は $-\pi$ から $+\pi$ である．また図 3.2 より，二つの正弦波のグラフが 1 周期ごとに同じ高さで交わっているとき，両者の周期が等しい．

例題 3.1 図 **3.3** の二つの正弦波交流を式 (3.1) で表そう．

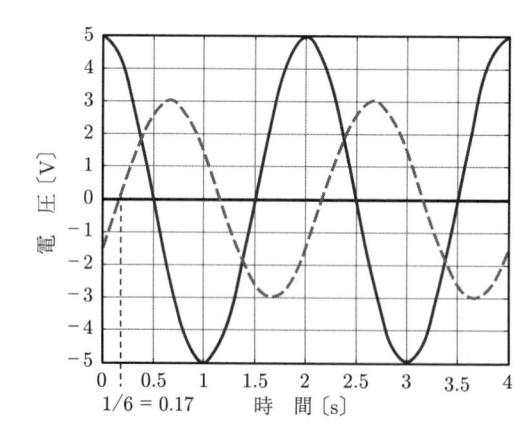

図 3.3 計測した正弦波交流のグラフ

【**解答**】 実線を $v_1(t)$，点線を $v_2(t)$ として，式 (3.1) に合わせて次式で表す．

$$v_1(t) = V_1 \sin(\omega_1 t + \phi_1) \tag{3.4}$$

$$v_2(t) = V_2 \sin(\omega_2 t + \phi_2) \tag{3.5}$$

振幅 V_1，V_2 は，図 3.2 (a) に示すように正弦波の真ん中のゼロからてっぺんまでの高さである．よって，図 **3.4** から読み取ると

$$V_1 = 5\,\text{V} \tag{3.6}$$

3.1 正弦波交流回路の解析

図 **3.4** 計測した正弦波交流のグラフ（解答用）

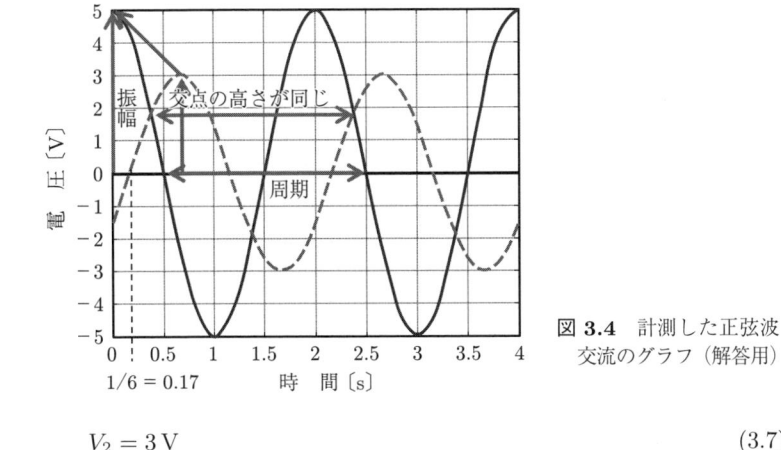

$$V_2 = 3\,\text{V} \tag{3.7}$$

である。周期 T は図 3.2 (a) に示すように正弦波の山一つと谷一つの時間である。よって，図 3.4 から読み取ると，実線の周期は

$$T = 2.5 - 0.5 = 2.0\,\text{s} \tag{3.8}$$

である。図 3.4 の実線と破線の交点を見ると，1 周期ごとに同じ高さで交わっているので，破線の周期は実線と同じである。式 (3.3) より，周波数は

$$f = \frac{1}{T} = \frac{1}{2} = 0.5\,\text{Hz} \tag{3.9}$$

である。式 (3.2) より，角速度は

$$\omega_1 = \omega_2 = 2\pi f = 2\pi \times 0.5 = \pi \ \text{[rad/s]} \tag{3.10}$$

である。

つぎに実線の位相角 ϕ_1 を調べる。$t = 0$ のとき，実線 $v_1(t)$ は $5\,\text{V}$ である。つまり $v_1(0) = 5$ である。これと式 (3.6) の $V_1 = 5$ を式 (3.4) に代入する。

$$v_1(0) = 5\sin(\omega_1 \cdot 0 + \phi_1) = 5$$

$$\therefore \ \sin\phi_1 = 1$$

p.132 の図 6.2 より，直角三角形の高さである sin が 1 となるのは

$$\phi_1 = \frac{\pi}{2} \ \text{[rad]} \, (= 90°) \tag{3.11}$$

のときである。図 3.4 より，山のてっぺんは実線のほうが左なので，$v_1(t)$ のほうが進みである。てっぺんの時間差は，$0.5 + \dfrac{1}{6} = \dfrac{2}{3}\,\text{s}$ である。ゆえに位相差は，

この時間差を角度に換算すると, $\frac{2}{3}\left(\frac{2\pi}{T}\right) = \frac{2}{3}\pi$ 〔rad〕である。よって, ϕ_2 のほうが ϕ_1 よりも $\frac{2}{3}\pi$ 〔rad〕遅れているので

$$\phi_2 = \phi_1 - \frac{2}{3}\pi = \frac{\pi}{2} - \frac{2}{3}\pi = -\frac{1}{6}\pi \text{〔rad〕} (= -30°) \tag{3.12}$$

である。または, ϕ_2 はつぎのようにして求めることもできる。$t = \frac{1}{6}$ のとき, 破線 $v_2(t)$ は 0 V である。つまり $v_2(1/6) = 0$ である。これを式 (3.4) に代入する。

$$v_2(1/6) = V_2 \sin\left(\omega_2 \cdot \frac{1}{6} + \phi_2\right) = 0$$
$$\therefore \quad \sin\left(\frac{\pi}{6} + \phi_2\right) = 0$$

p.132 の図 6.2 より, 直角三角形の高さである sin が 0 となるのは偏角がゼロのときなので

$$\frac{\pi}{6} + \phi_2 = 0 \quad \therefore \quad \phi_2 = -\frac{\pi}{6} \text{〔rad〕} (= -30°) \tag{3.13}$$

である。以上より, つぎの $v_1(t)$, $v_2(t)$ を得る。

$$v_1(t) = 5\sin\left(\pi t + \frac{\pi}{2}\right) \tag{3.14}$$
$$v_2(t) = 3\sin\left(\pi t - \frac{\pi}{6}\right) \tag{3.15}$$

◇

3.1.2 正弦波交流と *RLC*

電流が正弦波交流 $i(t) = I\sin(\omega t)$ のときの *RLC* の電圧を考える。*RLC* の式 $v(t) = Ri(t)$, $v(t) = L\dot{i}(t)$, $v(t) = \frac{1}{C}\int i(t)\,dt$（式 (1.1), (1.34), (1.40)）に $i(t)$ を代入する。

$$R \cdots v(t) = Ri(t) = RI\sin(\omega t) \quad \leftarrow R \text{ 倍, 位相 } 0° \text{ になった}$$
$$\tag{3.16}$$

$$L \cdots v(t) = L\dot{i}(t) = L\frac{d}{dt}(I\sin(\omega t)) = L(I\omega\cos(\omega t))$$
$$= (L\omega)\,I\underbrace{\sin\left(\omega t + \frac{\pi}{2}\right)}_{\text{p.133 式 (6.32)}} \quad \leftarrow L\omega \text{ 倍, 位相 } +90° \text{ になった} \tag{3.17}$$

3.1 正弦波交流回路の解析   65

$$C \cdots v(t) = \frac{1}{C} \int i(t)\,dt = \frac{1}{C} \int I\sin(\omega t)\,dt = \frac{1}{C}\left(-\frac{I}{\omega}\cos(\omega t)\right)$$

$$= \frac{1}{C\omega} I \underbrace{\sin\left(\omega t - \frac{\pi}{2}\right)}_{\text{p.133 式 (6.33)}} \quad \leftarrow \frac{1}{C\omega}\text{倍, 位相} - 90°\text{になった} \tag{3.18}$$

ゆえに，つぎのことがわかった．

- 抵抗の電圧は $i(t)$ を R 倍した値である．
- コイルの電圧は $i(t)$ を $L\omega$ 倍して位相を $90°$ 進めた値である．
- コンデンサの電圧は $i(t)$ を $\dfrac{1}{C\omega}$ 倍して位相を $90°$ 遅らせた値である．

3.1.3　複 素 数 表 示

無理やりだが，電流が複素数 $i(t) = I\cos(\omega t) + jI\sin(\omega t)$ の場合を考えよう．もちろん自然界には複素数の電流は存在しないが，もしも存在する場合，どうなるのかを考えてみよう．

R, L, C の回路は電圧 $v(t)$，電流 $i(t)$ に対して，定数倍と微分，積分演算と和だけなので，実数は実数のまま，虚数は虚数のままである．そのため

$i(t)$ が実数ならば $v(t)$ も実数になり，

$i(t)$ が虚数ならば $v(t)$ も虚数になる．

つまり，複素数の電流 $i(t) = I\cos(\omega t) + jI\sin(\omega t)$ が流れる回路の電圧 $v(t)$ を計算すると，その虚部 $\mathrm{Im}[v(t)]$ は，$i(t)$ の虚部 $I\sin(\omega t)$ が流れたときの電圧である．

よって $\underline{i(t) = I\sin(\omega t)\text{ を } i(t) = I\cos(\omega t) + jI\sin(\omega t) \text{ に置き換えて } v(t)}$ $\underline{\text{を求め, } v(t) \text{ を } \mathrm{Im}[v(t)] \text{ に置き換えればよい}}$ のである．

p.139 のオイラーの公式 $(e^{j\theta} = \cos\theta + j\sin\theta)$ より

$$i(t) = I\cos(\omega t) + jI\sin(\omega t) = Ie^{j\omega t} \tag{3.19}$$

なので，$i(t) = Ie^{j\omega t}$ の場合に $v(t)$ を求め，$v(t)$ を $\mathrm{Im}[v]$ に置き換えればよい．

また，$i(t) = I \sin(\omega t)$ ではなく，$i(t) = I \sin(\omega t + \phi)$ のときは $I e^{j(\omega t + \phi)}$ とすればよい。

以上の議論は $v(t)$，$i(t)$ を逆にしても成り立つ。

また，複素数の $v(t)$，$i(t)$ は，時間 t の関数だが，正弦波交流回路では角周波数 ω の関数として解析することが多い。そのため，添字 t は読者が混乱しそうにない限り略すことにする。

例題 3.2 R, L, C に流れる電流 $i = I \sin(\omega t)$ を $i = I e^{j\omega t}$ に置き換えても，$\mathrm{Im}[v]$ が正しい電圧（式 (3.16), (3.17), (3.18)）に一致することを確かめよう。

【解答】 R はオームの法則 (式 (1.1)) より

$$v = Ri \quad \leftarrow \text{電圧は電流の } R \text{ 倍} \tag{3.20}$$

である。この虚部が式 (3.16) と一致することを確認する。

$$\begin{aligned} \mathrm{Im}[v] &= \mathrm{Im}[Ri] = \mathrm{Im}\left[RIe^{j\omega t}\right] \\ &= RI \, \mathrm{Im}\underbrace{[\cos(\omega t) + j \sin(\omega t)]}_{\text{オイラーの公式 (p.139)}} \\ &= RI \sin(\omega t) \quad \leftarrow \text{式 (3.16) と一致した} \end{aligned}$$

L は式 (1.34) より

$$\begin{aligned} v &= L\dot{i} = L\frac{d}{dt}\left(Ie^{j\omega t}\right) = L\left(j\omega I e^{j\omega t}\right) \quad \leftarrow \frac{d}{dt}e^{j\omega t} = j\omega e^{j\omega t} \\ &= j\omega L I e^{j\omega t} = j\omega L i \quad \leftarrow \text{電圧は電流の } j\omega L \text{ 倍} \end{aligned} \tag{3.21}$$

である。この虚部が式 (3.17) と一致することを確認する。

$$\begin{aligned} \mathrm{Im}[v] &= \mathrm{Im}[j\omega L i] = \mathrm{Im}\left[j\omega L I e^{j\omega t}\right] \\ &= (L\omega) I \, \mathrm{Im}[j(\cos(\omega t) + j \sin(\omega t))] \\ &= (L\omega) I \, \mathrm{Im}[j \cos(\omega t) + (-1) \sin(\omega t)] \quad \leftarrow j^2 = \sqrt{-1}^2 = -1 \\ &= (L\omega) I \cos(\omega t) = (L\omega) I \underbrace{\sin\left(\omega t + \frac{\pi}{2}\right)}_{\text{p.133 式 (6.32)}} \quad \leftarrow \text{式 (3.17) と一致} \end{aligned}$$

3.1 正弦波交流回路の解析

C は式 (1.40) より

$$v = \frac{1}{C}\int i\, dt = \frac{1}{C}\int Ie^{j\omega t} dt = \frac{1}{C}\left(\frac{1}{j\omega}Ie^{j\omega t}\right) \quad \leftarrow \frac{d}{dt}e^{j\omega t} = j\omega e^{j\omega t}$$

$$= \frac{1}{j\omega C}Ie^{j\omega t} = \frac{1}{j\omega C}i \quad \leftarrow 電圧は電流の\frac{1}{j\omega C}倍 \qquad (3.22)$$

である。この虚部が式 (3.18) と一致することを確認する。

$$\begin{aligned}
\mathrm{Im}\,[v] &= \mathrm{Im}\left[\frac{1}{j\omega C}i\right] = \mathrm{Im}\left[\frac{1}{j\omega C}Ie^{j\omega t}\right] \\
&= \frac{1}{C\omega}I\,\mathrm{Im}\left[\frac{j}{-1}\left(\cos(\omega t) + j\sin(\omega t)\right)\right] \quad \leftarrow \frac{1}{j} = \frac{j}{j^2} = \frac{j}{-1} \\
&= \frac{1}{C\omega}I\,\mathrm{Im}\left[-j\cos(\omega t) - (-1)\sin(\omega t)\right] \quad \leftarrow j^2 = \sqrt{-1}^2 = -1 \\
&= \frac{1}{C\omega}(-I\cos(\omega t)) = \frac{1}{C\omega}I\underbrace{\sin\left(\omega t - \frac{\pi}{2}\right)}_{\text{p.133 式 (6.33)}} \quad \leftarrow 式 (3.18) と一致
\end{aligned}$$

以上より，すべて一致した。 $\diamondsuit$

この例題より，つぎのことがわかった。

RLC の v と i の比 $\dfrac{v}{i}$ （抵抗に相当）はそれぞれ R, $j\omega L$, $\dfrac{1}{j\omega C}$ になる。これらを**インピーダンス**（impedance）という。単位は Ω である。次式に示すようにインピーダンス（$j\omega = s$ とおいた[†]）を用いれば，オームの法則と同じく，RLC すべての電流と電圧が比例する。

$$\text{抵　抗}\quad v = (R)i \quad \leftarrow 式 (3.20) \qquad (3.23)$$

$$\text{コイル}\quad v = (Ls)i \quad \leftarrow 式 (3.21) \qquad (3.24)$$

$$\text{コンデンサ}\quad v = \left(\frac{1}{Cs}\right)i \quad \leftarrow 式 (3.22) \qquad (3.25)$$

よって，複素数の電流を導入すると，微分と積分を含んでいた回路方程式が，直流と同じ連立一次方程式になることがわかった。ゆえに<u>インピーダンスを用いれば直流回路の解析方法をそのまま使うことができる</u>。

[†] 正弦波交流回路では $s = j\omega$ をラプラス変換の s とみなしても問題ない。

以上より，つぎの手順で正弦波交流回路を解ける：

① RLC のインピーダンスを R, Ls, $\dfrac{1}{Cs}$ とおき（$s = j\omega$ である），キルヒホッフの法則の網目解析（p.44）や，インピーダンスの合成（抵抗の合成と同じ）で，ループ電流 i を $i = G(s)v$ の形で表す（v は電源電圧）。電流源があれば電圧源に置き換えておく（p.43 の図 2.10（a））。

② $G(s)$ に $s = j\omega$ を代入し，$G(j\omega) = Ke^{j\phi}$ の形に変形する。

③ 電源 $v = V\sin(\omega t + \phi_v)$ を $v = Ve^{j(\omega t + \phi_v)}$ に置き換え，i の虚部 $\mathrm{Im}[i]$ を取り出して i と置き換える。求めた電流で RLC の電圧降下を求める（複素数のままで電圧降下を求め，その虚部を取り出しても求まる）。

電流源を含む場合は，電流源から電圧源への変換（p.43 の図 2.10）を利用する。変換できない電流源があれば，重ね合わせの原理で分離して節点解析で解く。

例題 3.3 この手順の $\mathrm{Im}[i]$ を計算しよう。

【解答】

$$\begin{aligned}
\mathrm{Im}[i] &= \mathrm{Im}[G(j\omega)v] = \mathrm{Im}[\underbrace{Ke^{j\phi}}_{G(j\omega)} \cdot \underbrace{Ve^{j(\omega t + \phi_v)}}_{v}] \\
&= \mathrm{Im}\left[KVe^{j(\omega t + \phi + \phi_v)}\right] \quad \leftarrow e^a e^b = e^{a+b} \\
&= KV\,\mathrm{Im}[\underbrace{\cos(\omega t + \phi + \phi_v) + j\sin(\omega t + \phi + \phi_v)}_{\text{オイラーの公式 (p.139)}}] \\
&= KV\sin(\omega t + \phi + \phi_v)
\end{aligned}$$

$\diamond$

この手順において，v, i の $e^{j\omega t}$ は手順①，②でまったく使わない。そこで，始めから $e^{j\omega t}$ を略し，v をシンプルに

$$v = Ve^{j\phi_v} \ (= a + jb) \tag{3.26}$$

と表示し，虚部を取り出すときだけ $e^{j\omega t}$ を掛けても問題ない。この表示を**複素数**

表示 (complex representation) という。特に $v = Ve^{j\phi_v}$ （または $v = V\angle\phi_v$）と表すことを**フェーザ表示** (phasor representation) という。

$v = Ke^{j\phi} = a + jb$ は，図 **3.5** より，つぎの関係をもつ (p.138)。

$$K = \sqrt{a^2 + b^2} \quad \leftarrow K を |v| とも表す \tag{3.27}$$

$$\phi = \tan^{-1}\frac{b}{a} \quad \leftarrow \phi を \angle v とも表す \tag{3.28}$$

$$a = K\cos\phi \tag{3.29}$$

$$b = K\sin\phi \tag{3.30}$$

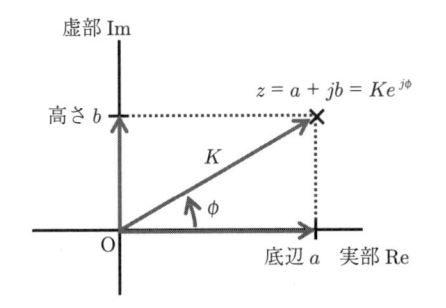

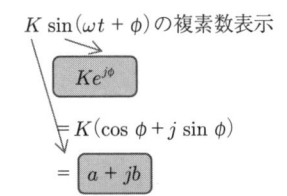

図 **3.5** 複素平面と $z = a + jb$

例題 3.4 つぎの問題を考えてみよう。

(1) $v = 10\sin\left(10t + \dfrac{\pi}{3}\right)$ のフェーザ表示を求め，$a + jb$ の形で表そう。

(2) 角周波数 $\omega = 100\,\mathrm{rad/s}$ のとき，複素数表示 $2 - 2j$ を正弦波の関数に戻そう。

【解答】

(1) 式 (3.26) よりフェーザ表示は $v = 10e^{j\pi/3}$ である。式 (3.29), (3.30) より $10e^{j\pi/3} = 10\cos\left(\dfrac{\pi}{3}\right) + 10j\sin\left(\dfrac{\pi}{3}\right) = 10\dfrac{1}{2} + 10\dfrac{\sqrt{3}}{2}j = 5 + 5\sqrt{3}j$ である。

(2) 式 (3.27), (3.28) より $2-2j = \sqrt{2^2+(-2)^2}\, e^{j\tan^{-1}(-2/2)} = 2\sqrt{2}e^{j(-\pi/4)}$ である（$\tan^{-1}$ の計算は p.132 の図 6.2 と式 (6.25)）。$e^{j\omega t}$ を掛けて虚部を取り出すと $v(t) = 2\sqrt{2}\sin\left(100t - \dfrac{\pi}{4}\right)$ である。 ◇

インピーダンスとアドミタンス　電圧と電流の比が抵抗であったが，これを複素数表示ではインピーダンスと呼んだ。その実部，虚部それぞれに専門用語があり，さらにインピーダンスの逆数にも名前がある。これらと慣用的に用いられるアルファベット記号を**表 3.1** にまとめておく。インピーダンス Z の単位は $\overset{\text{オーム}}{\Omega}$，その逆数のアドミタンス（admittance）$Y$ の単位は $\overset{\text{ジーメンス}}{\text{S}}$ である。コイルのように Z の虚部がプラスなら**誘導性インピーダンス**（inductive impedance），コンデンサのようにマイナスなら**容量性インピーダンス**（capacitive impedance）という。

表 3.1　インピーダンスとアドミタンス

$Z = \dfrac{v}{i} = R + jX$ インピーダンス〔Ω〕	実部 $R = \mathrm{Re}[Z]$ 抵抗（レジスタンス）〔Ω〕	虚部 $X = \mathrm{Im}[Z]$ リアクタンス〔Ω〕
$Y = \dfrac{1}{Z} = \dfrac{i}{v} = G + jB$ アドミタンス〔S〕	実部 $G = \mathrm{Re}\left[\dfrac{1}{Z}\right]$ コンダクタンス〔S〕	虚部 $B = \mathrm{Im}\left[\dfrac{1}{Z}\right]$ サセプタンス〔S〕

3.1.4　RL 直列回路

図 **3.6** のように R と L を直列に接続した回路を **RL 直列回路**という。

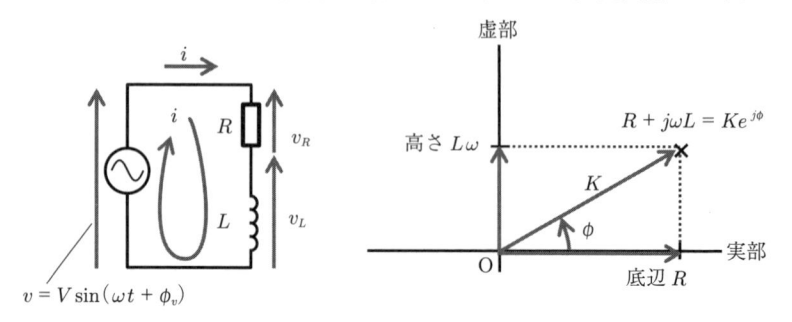

図 3.6　RL 直列回路

手順①〜③で図の i, v_R, v_L を求めよう。

手順①：RLC のインピーダンスを $R, Ls, \dfrac{1}{Cs}$ とおき，図 3.6 の i のループを網目解析する。

$$v = Ri + (Ls)i = (Ls + R)i$$

$$\therefore\ i = G(s)v, \qquad G(s) = \frac{1}{Ls + R} \tag{3.31}$$

手順②：$G(s)$ に $s = j\omega$ を代入し，$G(j\omega) = Ke^{j\phi}$ の形に変形する。

$$G(j\omega) = \frac{1}{j\omega L + R} = \frac{1}{Ke^{j\phi}} = \frac{1}{K} \cdot e^{-j\phi} \quad \leftarrow \frac{1}{a^b} = a^{-b} \tag{3.32}$$

$$K = \sqrt{R^2 + (L\omega)^2} \quad \leftarrow 図 3.6 と式 (3.27) \tag{3.33}$$

$$\phi = \tan^{-1} \frac{L\omega}{R} \quad \leftarrow 図 3.6 と式 (3.28) \tag{3.34}$$

$G(j\omega) = \dfrac{1}{K} \cdot e^{-j\phi}$ は，定数 × 指数関数なので $Ke^{j\phi}$ の形である。

手順③：電源 $v = V\sin(\omega t + \phi_v)$ を $v = Ve^{j(\omega t + \phi_v)}$ に置き換え，i の虚部 $\mathrm{Im}[i]$ を取り出して i と置き換える。

$$\mathrm{Im}[i] = \mathrm{Im}[G(j\omega)v] = \mathrm{Im}\left[\underbrace{\frac{1}{K}e^{-j\phi}}_{式 (3.32)} \cdot Ve^{j(\omega t + \phi_v)}\right]$$

$$= \mathrm{Im}\left[\frac{V}{K}e^{j(\omega t - \phi + \phi_v)}\right] \leftarrow e^a e^b = e^{a+b}$$

$$\therefore\ i = \frac{V}{K}\sin(\omega t - \phi + \phi_v) \leftarrow 虚部 \mathrm{Im}[i] を i に置き換えた \tag{3.35}$$

求めた i で RL の電圧降下を求める。

$$v_R = Ri = \frac{VR}{K}\sin(\omega t - \phi + \phi_v) \tag{3.36}$$

$$v_L = L\dot{i} = \frac{VL}{K}\omega\cos(\omega t - \phi + \phi_v) \leftarrow \frac{d}{dt}\sin(\omega t) = \omega\cos(\omega t)$$

$$= \frac{VL\omega}{K} \times \underbrace{\sin\left(\omega t - \phi + \phi_v + \frac{\pi}{2}\right)}_{\text{p.133 の式 (6.32)},\ \cos\theta = \sin\left(\theta + \frac{\pi}{2}\right)} \tag{3.37}$$

3.1.5 *RC* 直列回路

図 **3.7** のように R と C を直列に接続した回路を ***RC* 直列回路**という。

手順①〜③で図の i, v_R, v_L を求めよう。

手順①：RLC のインピーダンスを $R, Ls, \dfrac{1}{Cs}$ とおき，図 3.7 の i のループを網目解析する。

$$v = Ri + \frac{1}{Cs}i = \left(R + \frac{1}{Cs}\right)i$$

$$\therefore\ i = G(s)v, \qquad G(s) = \frac{1}{R + \dfrac{1}{Cs}} \left(= \frac{Cs}{CRs + 1}\right) \tag{3.38}$$

手順②：$G(s)$ に $s = j\omega$ を代入し，$G(j\omega) = Ke^{j\phi}$ の形に変形する。

$$\begin{aligned}
G(j\omega) &= \frac{1}{R + \dfrac{1}{j\omega C}} = \frac{1}{R + \dfrac{-1}{C\omega}j} &&\leftarrow \frac{1}{j} = \frac{j}{j^2} = \frac{j}{-1} \\
&= \frac{1}{Ke^{j\phi}} = \frac{1}{K} \cdot e^{-j\phi} &&\leftarrow \frac{1}{a^b} = a^{-b} \\
K &= \sqrt{R^2 + \left(\frac{-1}{C\omega}\right)^2} &&\leftarrow \text{図 3.7 と式 (3.27)} \\
\phi &= \tan^{-1}\frac{-1}{CR\omega} &&\leftarrow \text{図 3.7 と式 (3.28)}
\end{aligned} \tag{3.39}$$

手順③：電源 $v = V\sin(\omega t + \phi_v)$ を $v = Ve^{j(\omega t + \phi_v)}$ に置き換え，i の虚部 $\mathrm{Im}[i]$ を取り出して i と置き換える。

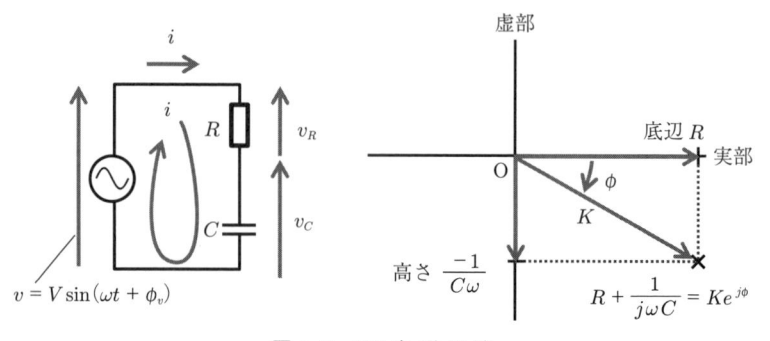

図 3.7 *RC* 直列回路

$$\mathrm{Im}\,[i] = \mathrm{Im}\,[G(j\omega)v] = \mathrm{Im}\left[\underbrace{\frac{1}{K}e^{-j\phi}}_{\text{式 (3.39)}} \cdot V e^{j(\omega t + \phi_v)}\right]$$

$$= \mathrm{Im}\left[\frac{V}{K}e^{j(\omega t - \phi + \phi_v)}\right] \quad \leftarrow e^a e^b = e^{a+b}$$

$$\therefore\ i = \frac{V}{K}\sin(\omega t - \phi + \phi_v)$$

求めた i で RC の電圧降下を求める。

$$v_R = Ri = \frac{VR}{K}\sin(\omega t - \phi + \phi_v) \tag{3.40}$$

$$v_C = \frac{1}{C}\int i\,dt = \frac{1}{C}\int \frac{V}{K}\sin(\omega t - \phi + \phi_v)\,dt$$

$$= \frac{V}{KC\omega}(-\cos(\omega t - \phi + \phi_v)) \quad \leftarrow \int \sin(\omega t)\,dt = \frac{1}{\omega}(-\cos(\omega t))$$

$$= \frac{V}{KC\omega} \times \underbrace{\sin\left(\omega t - \phi + \phi_v - \frac{\pi}{2}\right)}_{\text{p.133 の式 (6.33)},\ -\cos\theta = \sin\left(\theta - \frac{\pi}{2}\right)} \tag{3.41}$$

3.1.6 RL 直列回路と RC 直列回路によるフィルタ

低い周波数だけ通して，高周波を通さない（遮断するという）回路を**ローパスフィルタ**（low pass filter, **LPF**）という（p.170）。その逆に，高い周波数だけ通して，低周波を遮断する回路を**ハイパスフィルタ**（high pass filter, **HPF**）という（p.171）。これから，RL 直列回路の v_R（式 (3.36)）と RC 直列回路の v_C（式 (3.41)）とが電源電圧 v の低周波成分だけを通す LPF の出力であることを示す。そのつぎに RL 直列回路の v_L（式 (3.37)）と RC 直列回路の v_R（式 (3.40)）とが v の高周波成分だけを通す HPF の出力であることを示す。

〔1〕 **ローパスフィルタ** RL 直列回路の v_R は，式 (3.31) の i とオームの法則（式 (1.1)）より

$$v_R = Ri = R\frac{1}{Ls+R}v = \frac{1}{Ts+1}v,\quad T = \frac{L}{R} \tag{3.42}$$

と表せる。また，RC 直列回路の v_C は，式 (3.38) の i と式 (3.25) より

$$v_C = \frac{1}{Cs}i = \frac{1}{Cs}\frac{1}{\left(R+\dfrac{1}{Cs}\right)}v = \frac{1}{Ts+1}v, \qquad T = CR \qquad (3.43)$$

となり，どちらも入出力比（**伝達関数**という）をつぎのように表せる．

> ローパスフィルタの伝達関数 $\dfrac{1}{Ts+1}$ \hfill (3.44)

分母の $Ts+1$ に $s=j\omega$（ω は電源電圧 v の角周波数）を代入した $jT\omega+1$ について考えよう．

図 **3.8**(a) に示すように $T\omega \ll 1$ のとき，$jT\omega+1 \simeq 1$ と近似できる．これを式 (3.42), (3.43) に代入すると

$$v_R = v_C = \frac{1}{Ts+1}v = \frac{1}{jT\omega+1}v \simeq v \qquad (3.45)$$

となる．$T\omega \ll 1$ を変形すると $\omega \ll \dfrac{1}{T}$ となるので $\dfrac{1}{T}$ [rad/s] よりも低い角周波数（低周波）のとき，$v_R = v_C \simeq v$ となる．このとき入力 v と出力 v_R, v_C とが等しくなるので，$\omega \ll \dfrac{1}{T}$ の低周波はこの回路を通ることができる．

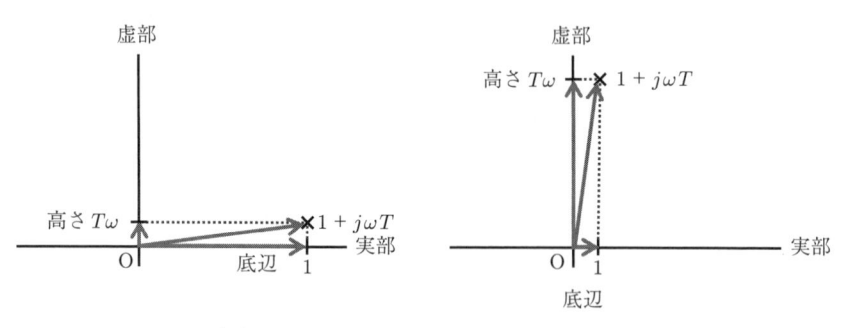

(a) $T\omega \ll 1$ のとき　　　　(b) $1 \ll T\omega$ のとき

図 **3.8**　ローパスフィルタ $\dfrac{1}{Ts+1}$ の分母

図 (b) に示すように，$1 \ll T\omega$ のとき $jT\omega+1 \simeq jT\omega$ と近似できる．$s=j\omega$ とおけば $Ts+1 \simeq Ts$ である．これを式 (3.42), (3.43) に代入すると

$$v_R = v_C = \frac{1}{Ts+1}v \simeq \frac{1}{Ts}v \qquad (3.46)$$

となる。これはコンデンサ C の式 (3.25) と似ている。そこで，C の式 (3.25) と式 (1.40) の関係を当てはめると，式 (3.46) は

$$v_R = v_C = \frac{1}{T} \int v\, dt \tag{3.47}$$

となる。よって，v_R と v_C は $\int v\, dt$ に比例する。そのため，LPF を**積分回路**(integrating circuit) とも呼ぶ。式 (3.18) より，正弦波を積分すると，振幅が $\frac{1}{\omega}$ 倍になり，位相角が $-90°$ ずれる。$\frac{1}{T} \ll \omega$ の高周波では $\frac{1}{\omega}$ が非常に小さくなるため，この回路を通ると著しく減衰する。つまり，LPF は高周波を通さない。

通過できる境目の角周波数を

$$\text{カットオフ角周波数 } \omega_c = \frac{1}{T} \ \ [\text{rad/s}] \tag{3.48}$$

という。$\omega = 2\pi f$ の関係より

$$\text{カットオフ周波数 } f_c = \frac{1}{2\pi T} \ \ [\text{Hz}] \tag{3.49}$$

である。

〔**2**〕**ハイパスフィルタ** RL 直列回路の v_L は，式 (3.31) の i と式 (3.24) より

$$v_L = (Ls)\,i = \frac{Ls}{Ls + R} v = \frac{Ts}{Ts + 1} v, \qquad T = \frac{L}{R} \tag{3.50}$$

と表せる。また，RC 直列回路の v_R は，式 (3.38) の i とオームの法則 (式 (1.1)) より

$$v_R = Ri = \frac{R}{R + \dfrac{1}{Cs}} v = \frac{Ts}{Ts + 1} v, \qquad T = CR \tag{3.51}$$

となり，どちらも入出力比（伝達関数）をつぎのように表せる。

$$\text{ハイパスフィルタの伝達関数 } \frac{Ts}{Ts + 1} \tag{3.52}$$

これと v との積をつぎのように変形する。

$$\frac{Ts}{Ts+1}v = \frac{Ts+1-1}{Ts+1}v = \left(\frac{Ts+1}{Ts+1} - \frac{1}{Ts+1}\right)v$$
$$= v - \frac{1}{Ts+1}v \tag{3.53}$$

第2項目の $\frac{1}{Ts+1}v$ は，v を LPF に通した信号である。よって，つぎのことがいえる。

- $\omega \ll \frac{1}{T}$ の低周波では $\frac{1}{Ts+1}v$ は v とほぼ等しいので，式 (3.53) はほぼゼロになる。つまり低周波を通さない。
- $\frac{1}{T} \ll \omega$ の高周波では $\frac{1}{Ts+1}v$ はほぼゼロなので，式 (3.53) は v になる。つまり高周波は通る。

ゆえに RL 直列回路の v_L（式 (3.36)）と RC 直列回路の v_R（式 (3.41)）とは，電源電圧 v の高周波成分だけを通す HPF である。HPF の場合も，境目の角周波数を

$$\text{カットオフ角周波数 } \omega_c = \frac{1}{T} \quad [\text{rad/s}] \tag{3.54}$$

という。これは LPF の ω_c と同じである。

$\omega \ll \frac{1}{T}$ の低周波についてもっと詳しく調べよう。分母の $Ts+1$ に $s = j\omega$（ω は電源の角周波数）を代入すると，$\omega \ll \frac{1}{T}$ より $T\omega \ll 1$ なので，$jT\omega + 1 \simeq 1$ に近似できる（図 3.8 (a) を参照）。これを式 (3.50), (3.51) に代入すると

$$v_L = v_R = \frac{Ts}{Ts+1}v \simeq (Ts)v \quad \leftarrow s = j\omega より \tag{3.55}$$

となる。これはコイル L の式 (3.24) と似ている。そこで，L の式 (3.24) と式 (1.34) の関係を当てはめると，式 (3.46) は

$$v_L = v_R = T\frac{d}{dt}v \tag{3.56}$$

となる。つまり，v_L と v_R が $\frac{d}{dt}v$ に比例する。そのため，HPF を**微分回路** (differentiating circuit) とも呼ぶ。式 (3.17) より，正弦波を微分すると，振幅が ω 倍になり，位相角が $+90°$ ずれる。$\omega \ll \frac{1}{T}$ の低周波では ω が非常に小さくなるため，この回路を通ると著しく減衰する。つまり，HPF は低周波を通さない。

3.1.7 *RLC* 直列回路（直列共振回路）

図 3.9 のように R と L と C を直列に接続した回路を **RLC 直列回路**または**直列共振回路**（serial resonance circuit）という。

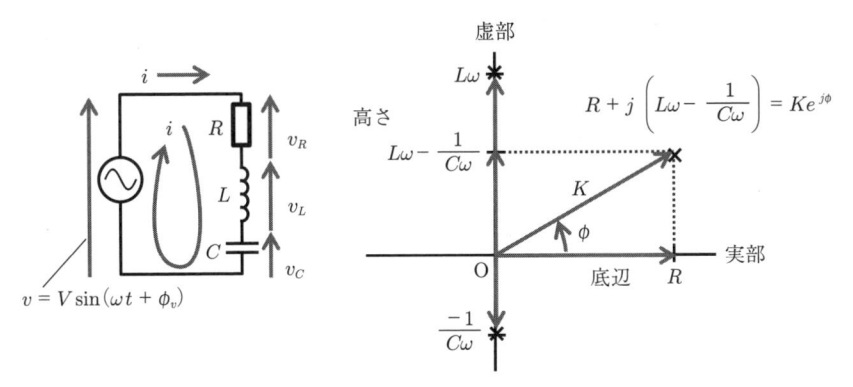

図 3.9 *RLC* 直列回路

手順①〜③で図 3.9 の i, v_R, v_L, v_C を求めよう。

手順①：RLC のインピーダンスを R, Ls, $\dfrac{1}{Cs}$ とおき，図 3.9 の i のループを網目解析する。

$$v = Ri + (Ls)i + \left(\frac{1}{Cs}\right)i$$
$$= \left(Ls + R + \frac{1}{Cs}\right)i \tag{3.57}$$

$$\therefore \ i = G(s)v, \quad G(s) = \frac{1}{Ls + R + \dfrac{1}{Cs}} \tag{3.58}$$

手順②：$G(s)$ に $s = j\omega$ を代入し，$G(j\omega) = Ke^{j\phi}$ の形に変形する。

$$G(j\omega) = \frac{1}{j\omega L + R + \dfrac{1}{j\omega C}} = \frac{1}{R + j\left(L\omega - \dfrac{1}{C\omega}\right)} \quad \leftarrow \frac{1}{j} = \frac{j}{j^2} = \frac{j}{-1}$$

$$= \frac{1}{Ke^{j\phi}} = \frac{1}{K}e^{-j\phi} \quad \leftarrow \frac{1}{a^b} = a^{-b} \tag{3.59}$$

$$K = \sqrt{R^2 + \left(L\omega - \frac{1}{C\omega}\right)^2} \quad \leftarrow \text{図 3.9 と式 (3.27)} \tag{3.60}$$

$$\phi = \tan^{-1} \frac{L\omega - \dfrac{1}{C\omega}}{R} \qquad \leftarrow \text{図 3.9 と式 (3.28)} \quad (3.61)$$

手順③：電源 $v = V\sin(\omega t + \phi_v)$ を $v = Ve^{j(\omega t + \phi_v)}$ に置き換え，i の虚部 $\mathrm{Im}[i]$ を取り出して i と置き換える．

$$\mathrm{Im}[i] = \mathrm{Im}[G(j\omega)v] = \mathrm{Im}\left[\underbrace{\frac{1}{K}e^{-j\phi}}_{\text{式 (3.59)}} \cdot Ve^{j(\omega t + \phi_v)}\right]$$

$$= \mathrm{Im}\left[\frac{V}{K}e^{j(\omega t - \phi + \phi_v)}\right] \quad \leftarrow e^a e^b = e^{a+b}$$

$$\therefore \quad i = \frac{V}{K}\sin(\omega t - \phi + \phi_v)$$

求めた i で RLC の電圧降下を求める．

$$v_R = Ri = \frac{VR}{K}\sin(\omega t - \phi + \phi_v) \tag{3.62}$$

$$v_L = L\dot{i} = \frac{VL}{K}\omega\cos(\omega t - \phi + \phi_v) \quad \leftarrow \frac{d}{dt}\sin(\omega t) = \omega\cos(\omega t)$$

$$= \frac{VL\omega}{K} \times \underbrace{\sin\left(\omega t - \phi + \phi_v + \frac{\pi}{2}\right)}_{\text{p.133 の式 (6.32), } \cos\theta = \sin\left(\theta + \frac{\pi}{2}\right)} \tag{3.63}$$

$$v_C = \frac{1}{C}\int i\,dt = \frac{1}{C}\int \frac{V}{K}\sin(\omega t - \phi + \phi_v)\,dt$$

$$= \frac{V}{KC\omega}(-\cos(\omega t - \phi + \phi_v)) \quad \leftarrow \int \sin(\omega t)\,dt = \frac{1}{\omega}(-\cos(\omega t))$$

$$= \frac{V}{KC\omega} \times \underbrace{\sin\left(\omega t - \phi + \phi_v - \frac{\pi}{2}\right)}_{\text{p.133 の式 (6.33), } -\cos\theta = \sin\left(\theta - \frac{\pi}{2}\right)} \tag{3.64}$$

〔1〕 **直列共振回路**　共振回路とは，ある角周波数 ω_c で，回路の合成インピーダンス $\left(\dfrac{v}{i}\right)$ がほぼゼロに，またはほぼ ∞ になる回路である．RLC 直列回路は直列共振回路とも呼ばれ，$\omega_c = \dfrac{1}{\sqrt{LC}}$〔rad/s〕で回路の合成インピーダンスがほぼゼロになる．そのことをこれから示す．回路の合成インピーダンス Z は式 (3.58)〜(3.61) より

$$Z = \frac{v}{i} = G(j\omega)^{-1} = Ke^{j\phi} = R + j\left(L\omega - \frac{1}{C\omega}\right) \tag{3.65}$$

である.これより,Z の実部は R,虚部は $L\omega - \dfrac{1}{C\omega}$ である.R, L, C は定数,ω は変数の場合を考える.このとき,Z の中で変化するのは,変数 ω を含む虚部 $L\omega - \dfrac{1}{C\omega}$ だけで,実部 R は変化しない.ゆえに図 3.9 より $Z = Ke^{j\phi}$ が最小になるのは,虚部がゼロになるときであり,このとき

$$\text{直列共振時のインピーダンスの最小値 } Z = R \tag{3.66}$$

になるので $R \simeq 0$ のときに $Z \simeq 0$ となる.虚部がゼロになる角周波数 ω_c を**共振角周波数**(resonance angular frequency)という.ω_c を求めよう.

$$L\omega_c - \frac{1}{C\omega_c} = 0 \tag{3.67}$$

$$L\omega_c = \frac{1}{C\omega_c}$$

$$L\omega_c(C\omega_c) = 1, \qquad LC\omega_c^2 = 1$$

$$\therefore \text{ 共振角周波数 } \omega_c = \frac{1}{\sqrt{LC}} \quad [\text{rad/s}] \quad \leftarrow \text{角周波数はプラス} \tag{3.68}$$

このときの周波数 f_c を**共振周波数**(resonance frequency)といい,$\omega = 2\pi f$ (p.60 の式 (3.2))より次式で与えられる.

$$\text{共振周波数 } f_c = \frac{1}{2\pi\sqrt{LC}} \quad [\text{Hz}] \tag{3.69}$$

共振角周波数 ω_c では,式 (3.60) より $K = R$ である.これと $\omega_c = \dfrac{1}{\sqrt{LC}}$ を,v_L, v_C の振幅(式 (3.63), (3.64))に代入する.

$$v_L \text{の振幅} = \frac{VL\omega_c}{K} = \frac{L}{R}\omega_c V$$

$$v_C \text{の振幅} = \frac{V}{KC\omega_c} = \frac{V}{RC}\frac{\omega_c}{\omega_c^2} = \frac{V}{RC}\frac{\omega_c}{(LC)^{-1}} = \frac{L}{R}\omega_c V$$

よってどちらも $\dfrac{L}{R}\omega_c V$ になる.

$$Q = \frac{L}{R}\omega_c \tag{3.70}$$

とおくと，共振時の v_L と v_C の振幅は，入力 v の振幅 V の Q 倍になっている。この共振時の入出力比 Q を共振の鋭さという（Q 値ともいう）。$R \simeq 0$ であれば $Q \simeq \infty$ となる。図 **3.10**（a）に直列共振回路の $\dfrac{1}{Z} = \dfrac{1}{R + j\left(L\omega - \dfrac{1}{C\omega}\right)}$

（式 (3.65)）の大きさ $\left|\dfrac{1}{Z}\right|$ と角周波数の関係を示す。共振角周波数 ω_c で，$\left|\dfrac{1}{Z}\right|$ が最大値をもつ。最大値の $\dfrac{1}{\sqrt{2}}$ 倍になる角周波数を ω_1, ω_2 とすると，Q はつぎの関係をもつ（p.143）。

$$Q = \frac{\omega_c}{\omega_2 - \omega_1} \tag{3.71}$$

図（b）に示すように，Q が大きいほど共振が鋭くなる。直列共振回路によるテレビやラジオの選局への応用例を p.158 に示す。実際の直列共振回路は L と C の直列接続で，R はコイル L の内部抵抗であり非常に小さい。選局に応用するときは，R が小さいほど，つまり Q が大きいほどよい回路である。

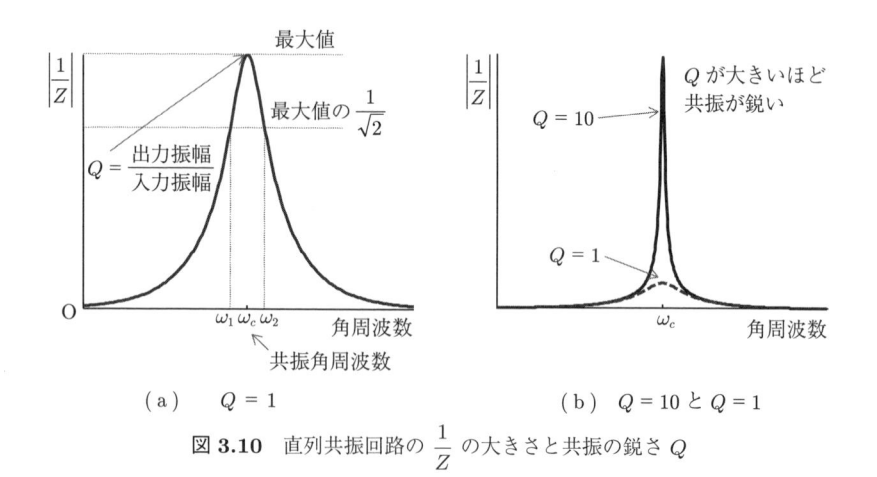

（a） $Q = 1$

（b） $Q = 10$ と $Q = 1$

図 **3.10** 直列共振回路の $\dfrac{1}{Z}$ の大きさと共振の鋭さ Q

〔2〕 **RLC 直列回路と機械系のばね・マス・ダンパ系との類似性** 図 3.11 に示すばね・マス・ダンパ系の運動方程式は，機械力学によると

$$f = m\ddot{x} + d\dot{x} + kx \tag{3.72}$$

で与えられ，力 $f = 0$，粘性摩擦係数 $d = 0$ のとき，ばねに質量 m が吊り下げられた状態となり，ばねを変位 x だけ引っ張った状態から離すと m が上下にいつまでも動き続ける。これはばねのポテンシャルエネルギーと m の運動エネルギーとの間で，エネルギーの移動を繰り返している状態である。

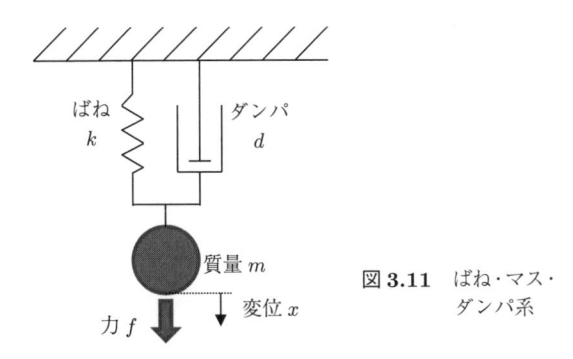

図 3.11 ばね・マス・ダンパ系

この式について，電気と水の流れの類似性（p.25 の表 1.2）より，力 $f \to$ 電圧 v，速度 $\dot{x} \to$ 電流 i，粘性摩擦係数 $d \to$ 電気抵抗 R，質量 $m \to$ 自己インダクタンス L，ばね定数 $k \to$ 電気容量の逆数 $\dfrac{1}{C}$ に置き換えるとつぎの RLC 直列回路の回路方程式と一致する。

$$v = Ri + L\dot{i} + \frac{1}{C}\int i\, dt \tag{3.73}$$

これより，RLC 直列回路とばね・マス・ダンパ系とは類似した現象が起こっていることがわかる。$R = 0$ のとき，実際に L と C の間でエネルギーが移動を繰り返すことを，水の流れで確かめよう。

図 3.12 に RLC 直列回路の水流モデルによるエネルギーの流れを示す。ポンプ停止状態では，左端と右端の水槽の水はポンプを通してつながっているため，左右の水位は必ず同じになる。図 3.12 の左上の図では，中央の水槽の水位が上

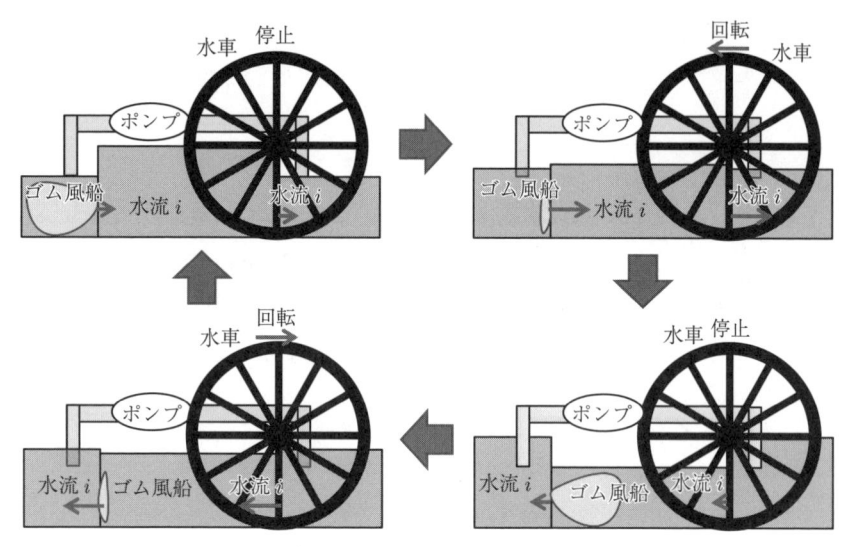

図 3.12 RLC 直列回路の水流モデルによるエネルギーの流れ

がり，水車 L は停止した状態である．このときゴム風船 C がたまった水を放出するとともに，水車 L には中央の水槽から右に水圧がかかり，回り始める．つまり，C のエネルギーが L に移動する．つづいて右上の図になると，中央と左右の水位がほとんど同じになり，ゴム風船 C はしぼんでエネルギーはほぼゼロに，水車 L は最も勢いよく回っているので回転エネルギーはほぼマックスになっている．つづいて右下の図になると，水車 L の回転の勢いによって，水が流されて中央の水槽の水位が下がり，ゴム風船 C に水がたまり，やがて水車 L の勢いが弱まって停止する．このとき L から C にすべてのエネルギーが移動している．つづいてゴム風船 C が中の水を放出するとともに水車 L が逆方向に回り始める．そして左下の図になると，中央と左右の水位がほとんど同じになり，ゴム風船 C はしぼんでエネルギーはほぼゼロに，水車 L は最も勢いよく回るので L の回転エネルギーはほぼマックスになる．このあと，水車の勢いによって水が中央の水槽に流れ，水位が上昇してゴム風船が膨らみ，左上の図の状態となる．この L と C の間のエネルギーの移動を延々と繰り返す．

以上のようにして $R = 0$ の共振時には，エネルギーが C と L の間を交互に

移動し続ける．この移動の周波数が共振周波数なのである．C のゴム風船の膨らみはばねのポテンシャルエネルギーに，水車の回転エネルギーはマスの運動エネルギーに相当する．

3.1.8 RLC 並列回路（並列共振回路）

図 **3.13** に示す RLC 並列回路（並列共振回路，parallel resonance circuit）を解こう．並列接続なので R, L, C にかかる電圧はすべて $v\,(= V\sin(\omega t + \phi_v))$ である（p.12 の式 (1.20)）．よって R, L, C を流れる電流はつぎのようになる．

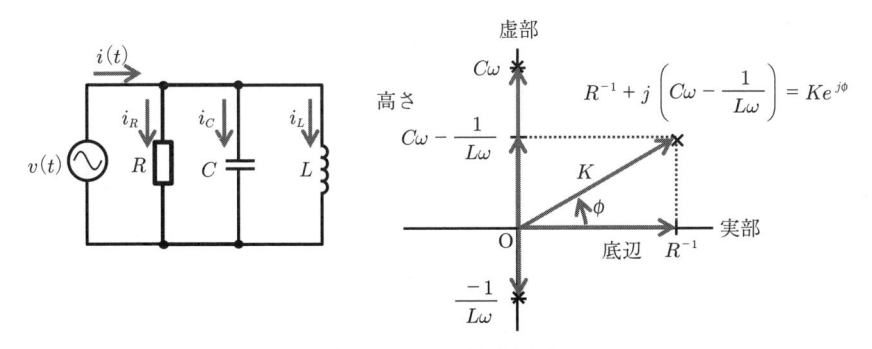

図 3.13 RLC 並列回路

$$i_R = \frac{V}{R} \sin(\omega t + \phi_v) \quad \leftarrow v = R\,i_R \text{ より} \tag{3.74}$$

$$\begin{aligned} i_L &= \frac{1}{L} \int v\,dt \quad \leftarrow v = L\frac{d}{dt} i_L \text{ より} \\ &= \frac{1}{L} \int V\sin(\omega t + \phi_v)\,dt = \frac{V}{L\omega}(-\cos(\omega t + \phi_v)) \\ &= \frac{V}{L\omega} \sin\left(\omega t + \phi_v - \frac{\pi}{2}\right) \quad \leftarrow \text{p.133 の式 (6.33)} \end{aligned} \tag{3.75}$$

$$\begin{aligned} i_C &= C\frac{d}{dt} v \quad \leftarrow v = \frac{1}{C} \int i_C\,dt \text{ より} \\ &= CV\frac{d}{dt} \sin(\omega t + \phi_v) = VC\omega \cos(\omega t + \phi_v) \\ &= VC\omega \sin\left(\omega t + \phi_v + \frac{\pi}{2}\right) \quad \leftarrow \text{p.133 の式 (6.32)} \end{aligned} \tag{3.76}$$

並列接続の合成インピーダンスの逆数（アドミタンス）Y は p.13 の式 (1.26) と $s = j\omega$, $j^{-1} = \dfrac{j}{j^2} = -j$ より

$$Y = \frac{1}{Z} = R^{-1} + \left(\frac{1}{Cs}\right)^{-1} + (Ls)^{-1} = R^{-1} + j\left(C\omega - \frac{1}{L\omega}\right) \quad (3.77)$$

となる。p.69 の式 (3.27) より虚部がゼロのときに Y が最小となり，共振が起こる。つまり

> 並列共振時のアドミタンスの最小値 $Y = R^{-1}$ (3.78)

である。Y が最小になる共振角周波数 ω_c は，式 (3.77) の虚部をゼロとした

$$C\omega_c - \frac{1}{L\omega_c} = 0$$

の解である。これを解くと

$$C\omega_c - \frac{1}{L\omega_c} = \frac{LC\omega_c^2 - 1}{L\omega_c} = 0$$
$$LC\omega_c^2 - 1 = 0$$
$$\therefore \text{共振角周波数 } \omega_c = \frac{1}{\sqrt{LC}} \ \text{[rad/s]} \quad \leftarrow \text{角周波数はプラス} \quad (3.79)$$

を得る。これは RLC 直列回路と同じである。共振周波数 f_c は $\omega = 2\pi f$ の関係より次式で与えられる。

> 共振周波数 $f_c = \dfrac{1}{2\pi\sqrt{LC}}$ ［Hz］ (3.80)

以上より，並列共振回路では，共振時にアドミタンス $Y = Z^{-1}$ が最小値 R^{-1} になるので，インピーダンス Z が最大値 R になる。よって $R = \infty$ のときインピーダンスが ∞ になって共振周波数の電流を通さない。RLC 直列回路では共振時にインピーダンスが最小になるので，逆の現象が起こっている。そのため，RLC 直列回路の共振を**直列共振**（series resonance），RLC 並列回路の共振を**並列共振**（parallel resonance，あるいは**反共振**）と呼び分ける。

共振時に $Y = \dfrac{1}{R}$ になり，図 3.13 の回路図より Y にかかる電圧は v，電流は i なのでオームの法則より

共振時の i の振幅 $\dfrac{V}{R}$ (3.81)

になる。共振の鋭さ Q は，RLC 並列共振回路の場合，共振時の回路を流れる電流 i と i_L, i_C との振幅比である。これらは式 (3.75), (3.76), (3.81) より

i_L の振幅比 $\dfrac{V/(L\omega_c)}{V/R} = \dfrac{R}{L\omega_c}$

i_C の振幅比 $\dfrac{VC\omega_c}{V/R} = RC\omega_c$

$\qquad\qquad = \dfrac{RC\omega_c^2}{\omega_c} = \dfrac{RC(1/(LC))}{\omega_c} \quad \leftarrow \omega_c = \dfrac{1}{\sqrt{LC}}$

$\qquad\qquad = \dfrac{R}{L\omega_c}$

となる。ゆえに

$$Q = \dfrac{R}{L\omega_c} \qquad (3.82)$$

である。これより RLC 直列回路の Q とは逆数の関係にある。

3.1.9 実際の RLC 並列回路（並列共振回路）

実際に共振回路として使われる RLC 並列回路は，コイル L とコンデンサ C の並列接続であり，コイル L が内部抵抗 R を含むので図 **3.14** の回路図で与えられる。

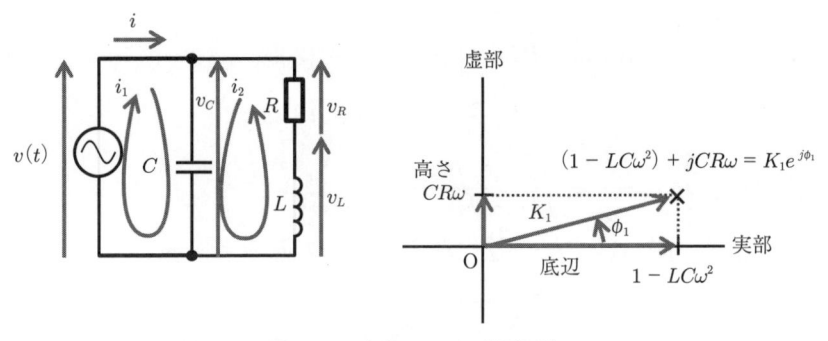

図 **3.14**　実際の RLC 並列回路

86   3. 交流回路を「わかる」

手順①〜③で図 3.14 の i, v_R, v_L, v_C を求めよう。

手順①：RLC のインピーダンスを $R, Ls, \dfrac{1}{Cs}$ とおき，図 3.14 の i_1, i_2 のループを網目解析する。

$$v = \frac{1}{Cs}(i_1 + i_2) \quad \leftarrow \text{図 3.14 の } i_1 \text{ のループ} \tag{3.83}$$

$$0 = \underbrace{\frac{1}{Cs}(i_2 + i_1)}_{\text{式 (3.83) を代入}} + Lsi_2 + Ri_2 \quad \leftarrow \text{図 3.14 の } i_2 \text{ のループ}$$

$$= v + (Ls + R)i_2$$

$$\therefore\ i_2 = G_2(s)\,v, \qquad G_2(s) = -\frac{1}{Ls + R} \tag{3.84}$$

式 $(3.83) \times (Cs) - i_2$ を計算する。

$$i_1 = Csv - i_2 = \left(Cs + \frac{1}{Ls+R}\right)v \quad \leftarrow \text{式 (3.84) を代入}$$

$$\therefore\ i_1 = G_1(s)\,v, \qquad G_1(s) = \frac{LCs^2 + CRs + 1}{Ls + R} \tag{3.85}$$

手順②：$\underline{G_1(j\omega) = K_1 e^{j\phi_1},\ G_2(j\omega) = K_2 e^{j\phi_2}}$ の形に変形する。

式 (3.84) の $G_2(j\omega)$ は，RL 回路の $G(j\omega)$（式 (3.32)）に -1 を掛けたものと同じである。

$$\begin{aligned}
G_2(j\omega) &= -\frac{1}{j\omega L + R} = -\frac{1}{K_2 e^{j\phi_2}} \\
&= -\frac{1}{K_2}\cdot e^{-j\phi_2} \qquad \leftarrow \frac{1}{a^b} = a^{-b}
\end{aligned} \tag{3.86}$$

$$K_2 = \sqrt{R^2 + (L\omega)^2} \quad \leftarrow \text{式 (3.33)}$$

$$\phi_2 = \tan^{-1}\frac{L\omega}{R} \quad \leftarrow \text{式 (3.34)}$$

$$\begin{aligned}
G_1(j\omega) &= \frac{LC(j\omega)^2 + jCR\omega + 1}{j\omega L + R} \\
&= \left((1 - LC\omega^2) + jCR\omega\right)(-G_2(j\omega)) \\
&= \left(K_1 e^{j\phi_1}\right)\left(\frac{1}{K_2}e^{-j\phi_2}\right) \\
&= \frac{K_1}{K_2}e^{j(\phi_1 - \phi_2)} \quad \leftarrow e^a e^b = e^{a+b}
\end{aligned} \tag{3.87}$$

$$K_1 = \sqrt{(1-LC\omega^2)^2 + (CR\omega)^2} \quad \leftarrow \text{図 3.14 と式 (3.27)}$$
$$\phi_1 = \tan^{-1}\frac{CR\omega}{1-LC\omega^2} \quad \leftarrow \text{図 3.14 と式 (3.28)}$$

手順③：電源 $v = V\sin(\omega t + \phi_v)$ を $v = Ve^{j(\omega t + \phi_v)}$ に置き換え，i_1, i_2 の虚部 $\text{Im}[i_1]$, $\text{Im}[i_2]$ を取り出して i_1, i_2 と置き換える。

$$\text{Im}[i_2] = \text{Im}[G_2(j\omega)v] = \text{Im}\left[\underbrace{-\frac{1}{K_2}e^{-j\phi_2}}_{\text{式 (3.86)}} \cdot Ve^{j(\omega t + \phi_v)}\right]$$

$$= \text{Im}\left[-\frac{V}{K_2}e^{j(\omega t - \phi_2 + \phi_v)}\right] \leftarrow e^a e^b = e^{a+b}$$

$$\therefore \quad i_2 = -\frac{V}{K_2}\sin(\omega t - \phi_2 + \phi_v)$$

$$\text{Im}[i_1] = \text{Im}[G_1(j\omega)v] = \text{Im}\left[\underbrace{\frac{K_1}{K_2}e^{j(\phi_1 - \phi_2)}}_{\text{式 (3.87)}} \cdot Ve^{j(\omega t + \phi_v)}\right]$$

$$= \text{Im}\left[\frac{VK_1}{K_2}e^{j(\omega t + \phi_1 - \phi_2 + \phi_v)}\right] \leftarrow e^a e^b = e^{a+b}$$

$$\therefore \quad i_1 = \frac{VK_1}{K_2}\sin(\omega t + \phi_1 - \phi_2 + \phi_v)$$

求めた i_1, i_2 で RLC の電圧降下を求める。

$$v_R = R(-i_2) \quad \leftarrow \text{電流は高い電位から低い電位に流れるので } i_2 \text{は逆方向}$$
$$= R\frac{V}{K_2}\sin(\omega t - \phi_2 + \phi_v)$$
$$v_L = L\frac{d}{dt}(-i_2) = L\frac{V}{K_2}\cdot\omega\cos(\omega t - \phi_2 + \phi_v)$$
$$\therefore \quad = L\frac{V}{K_2}\omega\underbrace{\sin\left(\omega t - \phi_2 + \phi_v + \frac{\pi}{2}\right)}_{\text{p.133 の式 (6.32), } \cos\theta = \sin\left(\theta + \frac{\pi}{2}\right)}$$
$$v_C = v \quad \leftarrow \text{並列接続（p.12 の式 (1.20)）}$$

実際の RLC 並列回路の R はコイル L の内部抵抗なので非常に小さい。そこで $R \simeq 0$ に近似すると，図 3.13 の RLC 並列回路の R を ∞ にした回路と同じに

なる。したがって，共振周波数などの特性も同じになる。この RLC 並列回路も並列共振回路と呼ぶ。

並列共振回路によるテレビやラジオの選局への応用例を p.159 に示す。

3.2　交流回路の電力

ある回路に電圧 $v(t)$ がかかり，電流 $i(t)$ が流れているとき，それらの積

$$p(t) = v(t)\,i(t) \tag{3.88}$$

を時刻 t における**瞬時電力** (instantaneous power) という。直流の場合は，$v(t)$, $i(t)$ ともに一定の値なので $p(t)$ も一定の値になる。そのため，直流の場合は瞬時電力を単に電力と呼ぶ。しかし，交流の場合，図**3.15** (a) に示すように $v(t)$ と $i(t)$ とが時々刻々と変化するため，図 (b) のように $p(t)$ も時々刻々と変化してしまう。そこで，交流の場合，$p(t)$ の平均値を，実際に消費する電力 P として用いる。この電力を**有効電力** (active power) という。

正弦波交流 $v(t) = V\sin(\omega t + \phi_v)$，$i(t) = I\sin(\omega t + \phi_i)$ の瞬時電力 $p(t)$ は次式で与えられる (p.145)。V, I は実効値ではなく振幅である (実効値を用いるときは $V \to \sqrt{2}V$, $I \to \sqrt{2}I$ に置き換える)。

$$p(t) = \underbrace{P(1 - \cos(2(\omega t + \phi_i)))}_{p_P(t)\ とおく\ 平均値ゼロ} + \underbrace{Q\sin(2(\omega t + \phi_i))}_{p_Q(t)\ とおく\ 平均値ゼロ} \tag{3.89}$$

$$P = \frac{VI}{2}\cos\theta \quad \leftarrow 有効電力という \tag{3.90}$$

$$Q = \frac{VI}{2}\sin\theta \quad \leftarrow \textbf{無効電力}(\text{reactive power})\ という \tag{3.91}$$

$$S = \frac{VI}{2} \quad \leftarrow \textbf{皮相電力}(\text{apparent power})\ という \tag{3.92}$$

$$\theta = \phi_v - \phi_i \quad \leftarrow P_f = \cos\theta を\textbf{力率}(\text{power factor})\ という \tag{3.93}$$

ただし $\cos\theta$ が負のときは θ を $\theta - \pi$ に置き換えて P をつねに正にする。よって図 (b) に示すように，式 (3.89) の右辺第 2 項 $p_Q(t)$ はゼロを中心に振幅 Q

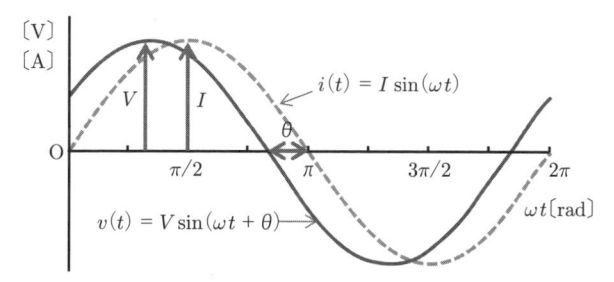

(a) 正弦波交流の電圧 $v(t)$ と $i(t)$ の波形

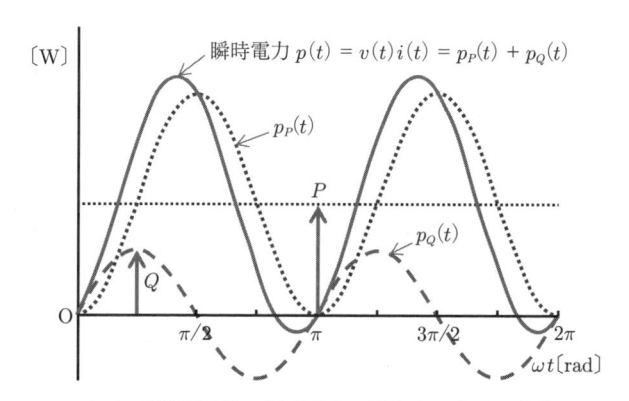

(b) 正弦波交流の瞬時電力 $p(t)$ とその成分の波形

図 **3.15** 正弦波交流の電圧電流と瞬時電力

で振動し，第 1 項 $p_P(t)$ は平均値 P を中心に振動する．ゆえに $p(t)$ の平均値は P である．

P, Q, S, θ は式 (3.90)〜(3.92) より，**図 3.16** に示すように，偏角 θ の直角三角形の底辺が P，高さが Q，斜辺が S の関係にある．以上をまとめよう．

V, I はそれぞれ電圧，電流の振幅である（実効値のときは $\dfrac{VI}{2}$ を VI に置き換える）．

- 有効電力 $P = \dfrac{VI}{2}\cos\theta$ 〔W〕 $\cdots$ 瞬時電力の平均値で実際にエネルギーを消費
- 無効電力 $Q = \dfrac{VI}{2}\sin\theta$ 〔var〕（← バールと読む）$\cdots$ 負荷と電源を

90   3. 交流回路を「わかる」

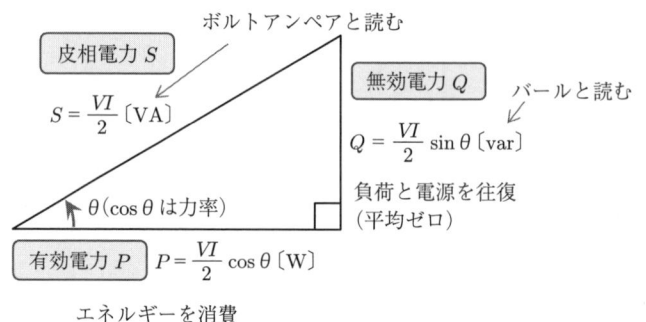

図 3.16 正弦波交流の電力の関係

- 皮相電力 $S = \dfrac{VI}{2}$ 〔VA〕 （← ボルトアンペアと読む）
- 力率 $P_f = \cos\theta$ または $100\cos\theta$ 〔%〕… $\theta = \phi_v - \phi_i$ は電圧と電流の位相差

（往復するだけで消費しない（平均ゼロ），$\theta < 0$ のとき負になる）

v, i が複素数表示のとき，i の複素共役 $\bar{i}$（i の虚部に -1 を掛けた複素数（例：$\overline{2+3j} = 2-3j$），p.135）を用いて，次式が成り立つ（p.146）。

$$P = \mathrm{Re}\left[\dfrac{v\bar{i}}{2}\right] \tag{3.94}$$

$$Q = \mathrm{Im}\left[\dfrac{v\bar{i}}{2}\right] \tag{3.95}$$

$$S = \dfrac{|v\bar{i}|}{2} \tag{3.96}$$

複素数表示の v, i を用いて，これまでの電流の求め方のように，電力を $p = \mathrm{Im}\,[vi]$ で求めてはいけない。なぜなら複素数表示は，定数倍，微分，積分，和の演算の場合には実部と虚部が独立に演算されることを利用していたが，電力は積であるため p.136 の式 (6.47) より

$$(a_1 + jb_1)(a_2 + jb_2) = (a_1 a_2 - b_1 b_2) + j(a_1 b_2 + b_1 a_2) \tag{3.97}$$

となり，実部 a_1，a_2 と虚部 b_1，b_2 とが混ざり合って独立でなくなってしまうからである。式 (3.94)，(3.95) が成り立つのは，たまたまの偶然である。

3.2.1 実効値

負荷が抵抗 R のとき，電流と電圧の位相差 $\theta = 0$ となる (p.64 の式 (3.16))。このときの有効電力を P とする。

$$P = \frac{VI}{2}\cos\theta = \frac{VI}{2} \quad \leftarrow \theta = 0 \text{ より } \cos\theta = 0$$

$$\therefore \quad P = R\frac{I^2}{2} \quad \leftarrow \text{オームの法則 } V = RI \text{ より}$$

その同じ抵抗 R に直流電源 V_e をつなげて直流電流 I_e が流れたときの電力 $V_e I_e$ が P と等しいとき，V_e, I_e を**実効値** (effective value) という。

$$V_e I_e = (RI_e)\,I_e \quad \leftarrow \text{オームの法則 } V_e = RI_e \text{ より}$$
$$= RI_e^2$$

$V_e I_e$ が $P = R\dfrac{I^2}{2}$ と等しいので，実効値 I_e, V_e と振幅（最大値，波高値）I, V の関係式を得る。

$$RI_e^2 = R\frac{I^2}{2} \rightarrow I_e^2 = \frac{I^2}{2} \quad \therefore \quad I_e = \frac{I}{\sqrt{2}}$$

これと $V_e = RI_e$, $V = RI$ より，$V_e = \dfrac{V}{\sqrt{2}}$ を得る。これらをまとめよう。

$$\text{実効値 } I_e = \frac{I}{\sqrt{2}} \tag{3.98}$$

$$\text{実効値 } V_e = \frac{V}{\sqrt{2}} \tag{3.99}$$

本書では，正弦波交流 $v(t)$, $i(t)$ の振幅 V, I を用いて

$$v(t) = V\sin(\omega t + \phi)$$
$$i(t) = I\sin(\omega t + \phi)$$

と表すが，電気回路の書籍によっては，実効値 $V_e = \dfrac{V}{\sqrt{2}}$ の関係を用いて

$$v(t) = \sqrt{2}V_e\sin(\omega t + \phi)$$
$$i(t) = \sqrt{2}I_e\sin(\omega t + \phi)$$

と表すので違いに注意してほしい。

3.2.2 正弦波交流の平均値

平均値 I_a, V_a とは，図 **3.17** に示すように正弦波交流の山谷の山の部分の平均値である。これは山の面積（半周期の面積）を，半周期の時間で割った値で

$$\text{平均値 } V_a = \frac{2}{\pi} V \tag{3.100}$$

である（p.147）。V は振幅である。

平均値…正弦波交流の山谷の山の平均値
　　　　山の面積（積分値）÷ 半周期で計算

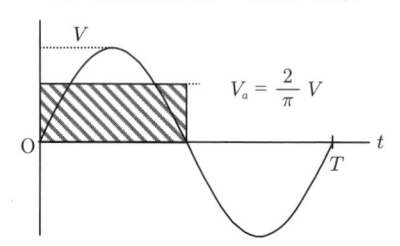

図 3.17 正弦波交流の平均値

例題 3.5 図 3.6 の RL 直列回路の電源の実効値 85 V, $\omega = 1.5 \times 10^6$ rad/s, $R = 8\,\Omega$, $L = 10\,\mu\mathrm{H}$ のとき，この回路の有効電力 P，無効電力 Q，皮相電力 S と力率 P_f を求めよう。

【解答】 回路全体の電力を計算するときは，電源が発生する電圧 v と電流 i を用いる。式 (3.99) より，実効値 85 V のとき，v の振幅 $V = 85\sqrt{2}$ V である。式 (3.35), (3.32) より電流 i の振幅 $I = \dfrac{V}{\sqrt{R^2 + (L\omega)^2}}$, 位相 $\phi_i = -\phi + \phi_v = -\tan^{-1}\dfrac{L\omega}{R} + \phi_v$ である。これらと式 (3.93) より，$\dfrac{VI}{2}$ と，v と i の位相差 θ を求める。

$$\frac{VI}{2} = \frac{V^2}{2\sqrt{R^2 + (L\omega)^2}}$$

$$\theta = \phi_v - \phi_i = \tan^{-1}\frac{L\omega}{R}$$

式 (3.90) などに代入して P, Q, S, P_f を計算する。

$$P = \frac{VI}{2}\cos\theta = 200\,\text{W}$$
$$Q = \frac{VI}{2}\sin\theta = 375\,\text{var}$$
$$S = \frac{VI}{2} = 425\,\text{VA}$$
$$P_f = \cos\theta = 0.470\,6\cdots = 0.471$$

◇

3.3 変　圧　器

変圧器（transformer）はトランス，変成器ともいい，図 **3.18**（a）に示すように輪になった鉄（鉄心という）にコイルを二つ付けたものである。その電気回路記号は図（b）である。電圧を入力する側のコイルを一次側，電圧を出力する側を二次側という。

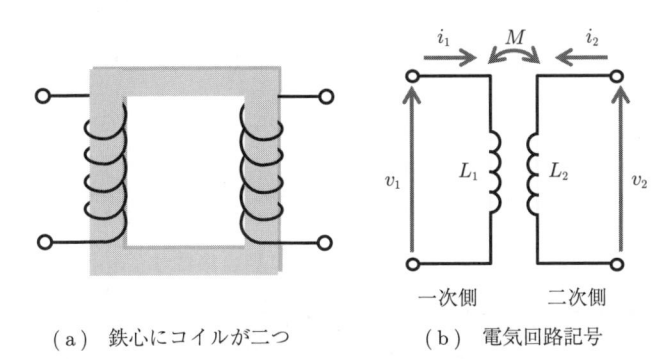

（a）鉄心にコイルが二つ　　　（b）電気回路記号

図 **3.18**　変圧器の構造と回路記号

コイルが電磁石になって磁束を発生すると，その磁束がもう一方のコイルを発電させる。そのとき発電する電圧と，電磁石の磁束変化とは比例する（p.16 の式 (1.31)）。その比例定数を**相互インダクタンス**（mutual inductance）といい，通常 M で表す。

一次側の自己インダクタンスを L_1，二次側を L_2 とすると，発電する電圧は自身の磁束による発電ともう一方による発電の和になる。p.16 の式 (1.34) よ

り，L_1 自身の磁束による発電は $L_1 \dot{i}_1$，L_2 の磁束による L_1 の発電は $M\dot{i}_2$ である。ゆえに，L_2 についても同様にして

$$\begin{cases} v_1 = L_1 \dot{i}_1 + M\dot{i}_2 \\ v_2 = L_2 \dot{i}_2 + M\dot{i}_1 \end{cases} \tag{3.101}$$

と表せる。式 (1.33) より，一次側の巻数が N_1，二次側が N_2，鉄心の磁気抵抗が ρ^{-1} のとき自己インダクタンスは

$$L_1 = \rho N_1^2, \qquad L_2 = \rho N_2^2 \tag{3.102}$$

である。一次側のコイルの磁束によって，二次側が発電する場合を考える。一次側で発生する磁束は N_1 に比例し，二次側で発電する電圧は N_2 に比例し，その比例定数は共通の鉄心を磁束が通るので自己インダクタンスと同じく ρ である。ゆえに，相互インダクタンス M は

$$M = \rho N_1 N_2 \tag{3.103}$$

である。一次側と二次側を入れ替えても，N_1 と N_2 とが入れ替わるだけなので同じ式が成り立つ。しかし，実際には図 **3.19** に示すように少し磁束が漏れてしまい，その磁束はもう一方のコイルを通らないため，その分発電する電圧が減ってしまう。この漏れる磁束を**漏れ磁束**（flux leakage）といい，漏れない磁束を**主磁束**（main flux）という。漏れない率（**結合係数**（coupling coefficient）という）を k $(0 \leqq k \leqq 1)$ とすると，M は

$$M = k\rho N_1 N_2 \qquad (0 \leqq k \leqq 1) \tag{3.104}$$

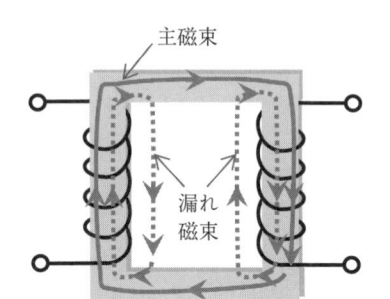

図 **3.19** 変圧器の主磁束と漏れ磁束

3.3 変圧器

になる。式 (3.102) より, $L_1 L_2 = \rho^2 N_1^2 N_2^2$, 式 (3.104) より, $M^2 = k^2 \rho^2 N_1^2 N_2^2$ なので

$$M^2 = k^2 L_1 L_2$$
$$\therefore \quad M = k\sqrt{L_1 L_2} \tag{3.105}$$

である。漏れ磁束がないとき，つまり $k = 1$ のとき，**理想変圧器**（ideal transformer, あるいは**理想トランス**）と呼ぶ。

理想変圧器のとき，式 (3.105) は $M = \sqrt{L_1 L_2}$ となる。これを式 (3.101) に代入する。

$$\begin{cases} v_1 = L_1 \dot{i}_1 + \sqrt{L_1 L_2}\dot{i}_2 = \sqrt{L_1}\left(\sqrt{L_1}\dot{i}_1 + \sqrt{L_2}\dot{i}_2\right) \\ v_2 = L_2 \dot{i}_2 + \sqrt{L_1 L_2}\dot{i}_1 = \sqrt{L_2}\left(\sqrt{L_1}\dot{i}_1 + \sqrt{L_2}\dot{i}_2\right) \end{cases} \tag{3.106}$$

これら二つの式を辺ごとに割る。

$$\frac{v_2}{v_1} = \frac{\sqrt{L_2}\left(\sqrt{L_1}\dot{i}_1 + \sqrt{L_2}\dot{i}_2\right)}{\sqrt{L_1}\left(\sqrt{L_1}\dot{i}_1 + \sqrt{L_2}\dot{i}_2\right)} = \frac{\sqrt{L_2}}{\sqrt{L_1}} \quad \leftarrow \text{直流 } (\dot{i}_1 = \dot{i}_2 = 0) \text{ でないとき}$$

$$\therefore \quad v_2 = \sqrt{\frac{L_2}{L_1}}v_1 = \frac{N_2}{N_1}v_1 \quad \leftarrow \text{式 (3.102)} \tag{3.107}$$

よって理想変圧器によって，電圧を定数倍する増幅ができる。理想変圧器では，漏れ磁束がないので，一次側のエネルギーがすべて二次側に移動する。そのため，一次側と二次側の電力が等しく，$v_1 i_1 = v_2 i_2$ が成り立つ。よって式 (3.107) より次式を得る。

$$i_2 = \frac{N_1}{N_2}i_1 \tag{3.108}$$

ゆえに電圧を増幅した分だけ電流が減る。ただし，直流のとき，$\dot{i}_1 = \dot{i}_2 = 0$ となり，式 (3.106) より，$v_2 = 0$ になるため，直流は増幅できない。発電所から各家庭に効率よく送電するために変圧器が必要なことを役立つ編（p.159）で説明する。

4 三相交流回路を「わかる」

ここでは，発電所からの送電やモータの駆動に用いられる三相交流回路を理解しよう。

4.1 三相交流回路の解析

p.61 の図 3.2 (a) の発電機で発電した電気は，電源コンセントの電気と同じで，2 本の電線で送電する。この交流を**単相交流**（single–phase AC）という。

図 **4.1** の発電機には，三つのコイルをたがいに 120° ずつずらして配置している。三つのコイルは同じ特性で，それぞれの片方の端子はすべてつながっている。この端子（節点）を**中性点**（neutral point）といい，o で表す。その電位を**中性点電位**（neutral point potential）といい，グランドの 0 V とみなす。永

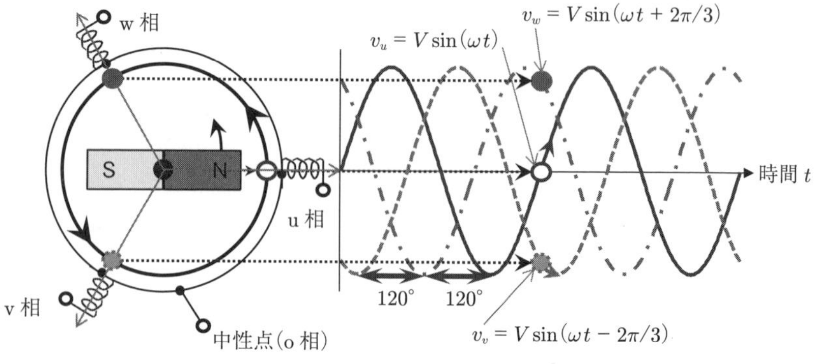

図 **4.1** 三相交流の発電機と波形

4.1 三相交流回路の解析

久磁石が回転すると，三つそれぞれに単相交流の発電が起こる。しかし，120°ずつずれているため，図 4.1 に示すように発生する電圧が 120° ずつずれる。三つのコイルの端子を u, v, w とする。位相が 120° ずつずれた正弦波の和はゼロである（p.148）。したがって u, v, w の電圧を足せば中性点の電位がわかるので，u, v, w の電気を送電するには，それぞれに 1 本ずつ計 3 本の電線があればよい。この u, v, w の交流を**三相交流**（three–phase AC）といい，この電源を**三相電源**（three–phase power supply）という。また，u, v, w に RLC などを付けた負荷を**三相負荷**（three–phase load）という。三相電源の各コイルが発電する電圧，または三相負荷の各負荷の電圧降下を**相電圧**（phase voltage）という。図 4.1 では，u, v, w 相電圧 v_u, v_v, v_w は，点 o から点 u, v, w までの電圧であり次式のようになる。

$$\begin{cases} \text{ou 間の u 相電圧 } v_u = V \sin(\omega t) \\ \text{ov 間の v 相電圧 } v_v = V \sin\left(\omega t - \dfrac{2}{3}\pi\right) \\ \text{ow 間の w 相電圧 } v_w = V \sin\left(\omega t + \dfrac{2}{3}\pi\right) \end{cases} \quad (4.1)$$

これらは振幅 V と角周波数 ω が等しく，たがいに 120° ずつ位相がずれている。これらを**対称三相交流**（symmetrical three–phase AC），または単に三相交流という。通常は対称三相交流だが，事故などで各相のコイルや負荷が壊れて特性が同じでなくなると**非対称三相交流**（asymmetrical three–phase AC）になる。本書では対称三相交流を学ぶ。あとで説明するが多くの場合，発電所の発電機は三相であり，送電でも 3 本の電線を用いる。

図 4.1 の発電機は三相同期モータという交流モータと同じ構造である。永久磁石が回転するように三相交流電圧をかけると回転する。また，三相誘導モータという交流モータは，三相交流をつなげるだけで回転する。

4.1.1 Y 結線の電圧と電流

図 **4.2** に三相交流の**Y結線**（Y–connection，あるいは**スター結線，星形結

4. 三相交流回路を「わかる」

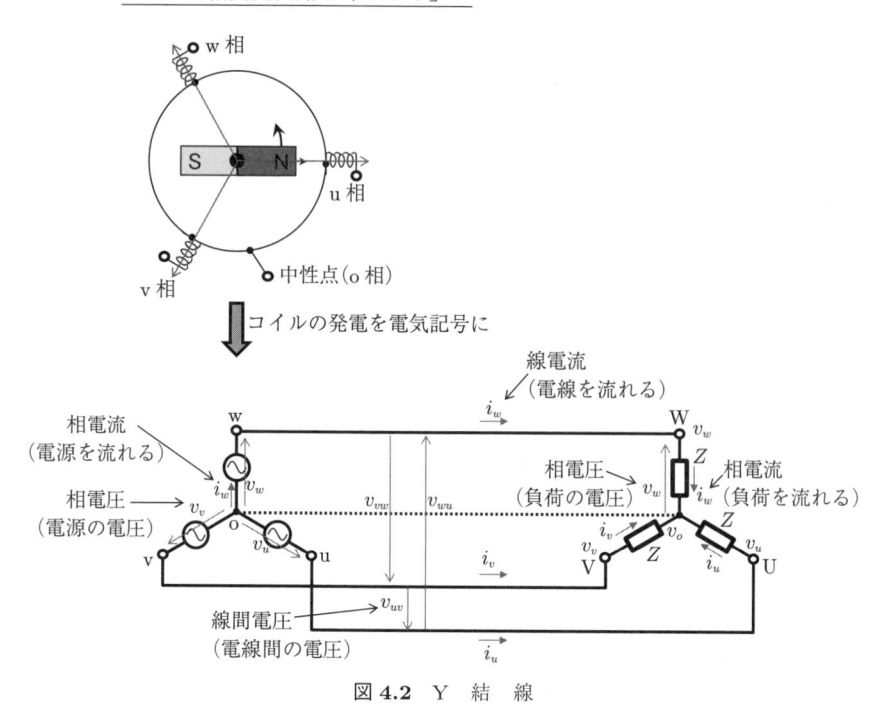

図 4.2 Y 結 線

線）を示す．図 4.1 も Y 結線である．v_u, v_v, v_w それぞれは，単相交流であり，コイルを単相電源の記号に置き換えれば図 4.2 の回路の三相電源の記号になる．三相電源と三相負荷をつなぐ電線と電線の間の電位差を，**線間電圧**（line voltage）といい，つぎの関係がある（p.148）．

$$\begin{cases} \text{uv 間の線間電圧 } v_{uv} = v_u - v_v = \sqrt{3}V\sin\left(\omega t + \dfrac{\pi}{6}\right) \\ \text{vw 間の線間電圧 } v_{vw} = v_v - v_w = \sqrt{3}V\sin\left(\omega t + \dfrac{\pi}{6} - \dfrac{2}{3}\pi\right) \\ \text{wu 間の線間電圧 } v_{wu} = v_w - v_u = \sqrt{3}V\sin\left(\omega t + \dfrac{\pi}{6} + \dfrac{2}{3}\pi\right) \end{cases} \quad (4.2)$$

Y 結線の線間電圧は，相電圧の $\sqrt{3}$ 倍となり，位相が 30° $\left(\dfrac{\pi}{6}\text{〔rad〕}\right)$ 進む．ゆえに，線間電圧も対称三相交流である．

図 4.2 の回路では，Y 結線の三相電源に Y 結線の三相負荷を接続している．負荷の三つのインピーダンスはすべて Z で等しいとする（三相モータなど多く

の場合すべて等しい)。u, v, w 相の負荷を流れる電流を**相電流**(phase current) という。電線を流れる電流を**線電流**(line current) という。Y 結線の場合，コイルと電線とが一つずつ直接つながっているため，<u>Y 結線の相電流と線電流とは等しい</u>。図の負荷の三つの端子 UVW には電源の uvw 端子が電線で直接つながっているため，UVW 端子の各電位は v_u, v_v, v_w である。負荷の中央の節点の電位を v_o とする。三つの Z を流れる電流を i_u, i_v, i_w とする。複素数表示 (p.68) を用いると，オームの法則より

$$\begin{cases} v_u - v_o = Zi_u \\ v_v - v_o = Zi_v \\ v_w - v_o = Zi_w \end{cases} \tag{4.3}$$

が成り立つ。この三つの式をすべて足すと

$$(v_u + v_v + v_w) - 3v_o = Z(i_u + i_v + i_w) \tag{4.4}$$

となる。位相が $120°$ ずつずれた正弦波の和はゼロである (p.148)。したがって $v_u + v_v + v_w = 0$ となる。これを代入する。

$$0 - 3v_o = Z(i_u + i_v + i_w) \tag{4.5}$$

負荷の中央の節点に対して，キルヒホッフの電流則 (p.6) を使うと，$i_u + i_v + i_w = 0$ である。ゆえに

$$-3v_o = Z \cdot 0$$
$$\therefore \quad v_o = 0 \tag{4.6}$$

である。これより，v_o は電源の中性点電位と等しい。ゆえに図 4.2 の回路の点線には電位差がないため電線をつないでも電流が流れない。<u>Y 結線では,図の点線の電線(グランド用の電線)を付けても付けなくても同じ</u>である。そのため多くの場合，三相交流は電線 3 本で送電する。ただしアース線として点線の電線を付けて 4 本で送電することもある。また，負荷の v_o は電源の中性点電位と等しいので，v_o も中性点電位，v_o の節点も中性点という。

4.1.2 △結線の電圧と電流

図 4.3 に三相交流の△結線 (delta–connection, あるいはデルタ結線, 三角結線) を示す。Y 結線とは異なり, 電源のコイルを直列に輪になるように接続する。発電するコイルを単相電源の記号に置き換えると図 4.3 の回路の三相電源の記号になる。電源の uvw 端子間の線間電圧 v_{uv}, v_{vw}, v_{wu} は, 発電するコイルの両端の電圧, つまり相電圧である。したがって, <u>△結線の相電圧と線間電圧とは等しい</u>。

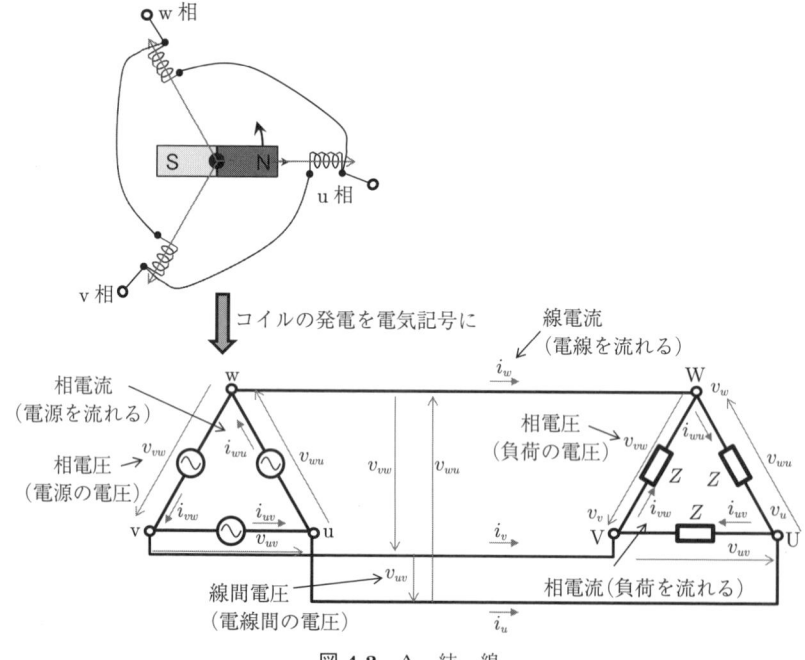

図 4.3 △結線

図 4.3 の回路では, △結線の三相電源に△結線の三相負荷を接続している。負荷の三つのインピーダンスはすべて Z で等しいものとする。電源の uvw 端子と負荷の UVW 端子とがそれぞれ直接つながっているため各端子の電位は等しい。そのため, 負荷の線間電圧は電源の線間電圧と等しい。複素数表示 (p.68) を用いると, 負荷の Z についてオームの法則が成り立つ。

$$i_{uv} = \frac{v_{uv}}{Z}, \quad i_{vw} = \frac{v_{vw}}{Z}, \quad i_{wu} = \frac{v_{wu}}{Z} \tag{4.7}$$

三つの Z が同じなので，対称三相交流電圧をかけると，Z を流れる相電流も対称三相交流になる。よって相電流を次式のように表せる。

$$\begin{cases} i_{uv} = I\sin(\omega t) \\ i_{vw} = I\sin\left(\omega t - \dfrac{2}{3}\pi\right) \\ i_{wu} = I\sin\left(\omega t + \dfrac{2}{3}\pi\right) \end{cases} \tag{4.8}$$

負荷の節点 UVW に対してキルヒホッフの電流則（p.6）を使う。

$$\begin{cases} \text{節点 U} \cdots i_u = i_{uv} - i_{wu} \\ \text{節点 V} \cdots i_v = i_{vw} - i_{uv} \\ \text{節点 W} \cdots i_w = i_{wu} - i_{vw} \end{cases} \tag{4.9}$$

式 (4.8) を代入すると，つぎの線電流を得る（p.150）。

$$\begin{cases} \text{U の線電流 } i_u = i_{uv} - i_{wu} = \sqrt{3}I\sin\left(\omega t - \dfrac{\pi}{6}\right) \\ \text{V の線電流 } i_v = i_{vw} - i_{uv} = \sqrt{3}I\sin\left(\omega t - \dfrac{\pi}{6} - \dfrac{2}{3}\pi\right) \\ \text{W の線電流 } i_w = i_{wu} - i_{vw} = \sqrt{3}I\sin\left(\omega t - \dfrac{\pi}{6} + \dfrac{2}{3}\pi\right) \end{cases} \tag{4.10}$$

<u>Δ 結線の線電流は，相電流の $\sqrt{3}$ 倍となり</u>，位相が $30°\left(\dfrac{\pi}{6}\text{〔rad〕}\right)$ 遅れる。ゆえに，線電流も対称三相交流である。

4.2 Y 結線と Δ 結線の変換

Y 結線の負荷のインピーダンスを Z_Y とし，その負荷と等価な Δ 結線のインピーダンスを Z_Δ とすると，つぎの関係がある（p.165 の式 (7.14)）。

$$Z_\Delta = 3Z_Y \tag{4.11}$$

これより，**図 4.4** に示すように，定数倍するだけで Y 結線と Δ 結線の負荷を

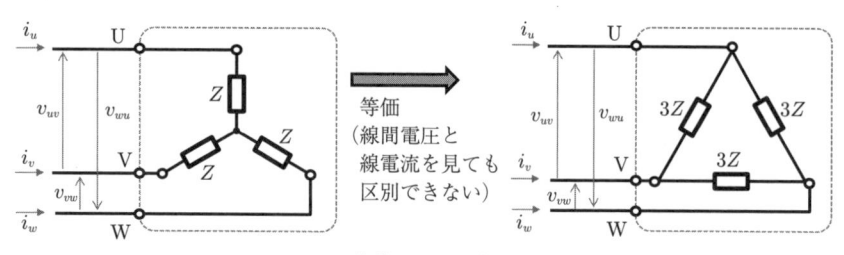

(a) Y 結線から Δ 結線への変換

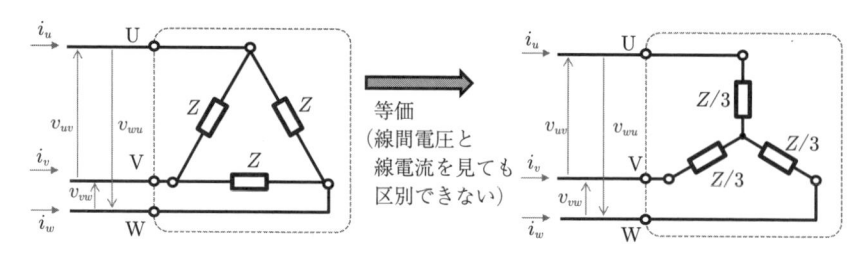

(b) Δ 結線から Y 結線への変換

図 4.4　Y 結線と Δ 結線の変換

たがいに等価に変換できる．等価なので変換しても線間電圧 v_{uv}, v_{vw}, v_{wu} と線電流 i_u, i_v, i_w が変わらない．つまり，外部から線間電圧と線電流を測って比べても区別できない．

4.3　三相交流回路の電力

図 4.5 に Y 結線の負荷の各部電圧と電流を示す．丸で囲った U 相のインピーダンス Z の電力を考える．Z には相電圧 v_u がかかり，相電流 i_u が流れている．つまり，Z には単相交流が流れている．v_u の振幅を V_p，i_u の振幅を I_p，v_u と i_u の位相差を θ とすると，p.88 の単相交流の電力の式 (3.90)〜(3.93) より，U 相の Z の電力はつぎのようになる

$$\text{U 相の有効電力 } P_u = \frac{V_p I_p}{2} \cos\theta \tag{4.12}$$

$$\text{U 相の無効電力 } Q_u = \frac{V_p I_p}{2} \sin\theta \tag{4.13}$$

4.3 三相交流回路の電力

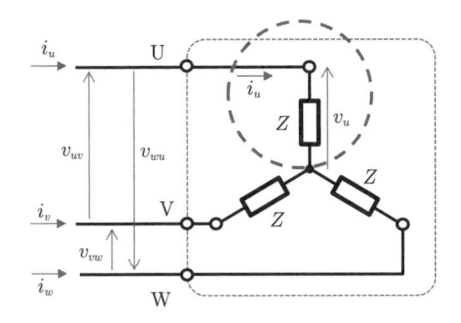

図 4.5 三相交流の電力

複素数表示を用いると，$v_u = Z i_u$ なので，位相差 θ は Z によって生じている。よって，$Z = |Z| e^{j\angle Z}$ とフェーザ表示（p.69）すると

$$\theta = \angle Z \tag{4.14}$$

である。

V 相と W 相の相電流と相電圧は，U 相の v_u, i_u と比べて 120° ずれているだけなので，その電力は U 相と同じである。したがって，Y 結線の三相負荷の電力は，U 相の 3 倍である。

$$\text{三相回路の有効電力 } P = 3\frac{V_p I_p}{2}\cos\theta \tag{4.15}$$

$$\text{三相回路の無効電力 } Q = 3\frac{V_p I_p}{2}\sin\theta \tag{4.16}$$

電力を線電流の振幅 I と線間電圧の振幅 V とで表そう。Y 結線の相電流と線電流とは等しい（p.99）。よって $I_p = I$ である。Y 結線の線間電圧の振幅は相電圧の $\sqrt{3}$ 倍である（p.98）。よって $V = \sqrt{3} V_p$ なので $V = \dfrac{1}{\sqrt{3}} V_p$ である。これらを式 (4.15), (4.16) に代入する。

$$\begin{cases} \text{三相回路の有効電力 } P = \sqrt{3}\dfrac{VI}{2}\cos\theta \ [\text{W}] \\[4pt] \text{三相回路の無効電力 } Q = \sqrt{3}\dfrac{VI}{2}\sin\theta \ [\text{var}] \\[4pt] \text{三相回路の皮相電力 } S = \sqrt{3}\dfrac{VI}{2} \ [\text{VA}] \\[4pt] \text{三相回路の力率 } \quad P_f = \cos\theta \end{cases} \tag{4.17}$$

> V は線間電圧の振幅, I は線電流の振幅, θ は Z の位相

Y結線を Δ 結線に等価変換しても線間電圧と線電流は変わらない. そのとき Z は, 図 4.4 より $3Z$ になるだけなので, その位相 θ も変わらない. したがって, Δ 結線の電力も式 (4.17) で与えられる.

三相交流の単相交流に対するメリットを役立つ編 (p.162) で説明する.

例題 4.1 図 4.6 の w 相電源が $v_w = 10\sin(300t)$, $R_1 = 3\,\Omega$, Z が抵抗 $27\,\Omega$ とコイル $160\,\mathrm{mH}$ の直列接続のとき, 線電流 i_w と, この回路の有効電力 P, 無効電力 Q, 皮相電力 S, 力率 P_f を求めよう.

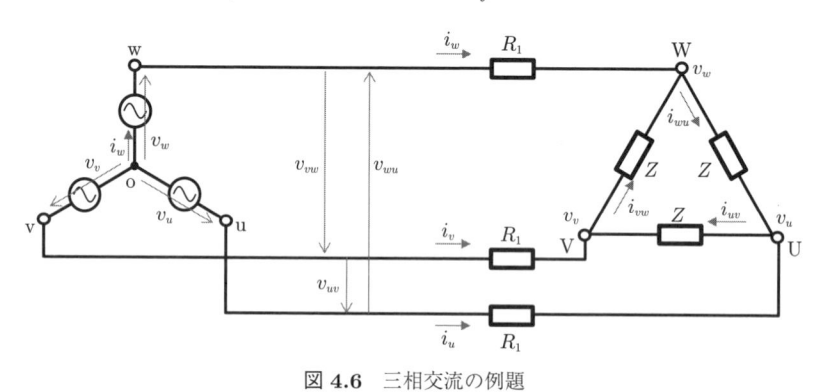

図 4.6 三相交流の例題

【解答】 図 4.6 の Δ 結線の三相負荷を Y 結線に変換した図 4.7 の各相の負荷 Z_Y は式 (4.11) より

$$Z_Y = \frac{Z}{3} = \frac{27 + j0.16 \cdot 300}{3} = 9 + 16j \tag{4.18}$$

となる. この変換によって, 電源, 負荷ともに Y 結線の接続になったので, 中性点同士を結ぶ電線が存在する回路と等価になる (p.99). このとき, 図 4.7 の点線で囲まれた部分のループにキルヒホッフの電圧則 (p.7) で回路方程式を立てる.

$$\begin{aligned} v_w &= R_1 i_w + Z_Y i_w = (R_1 + Z_Y)\, i_w \\ &= (3 + (9 + 16j))\, i_w = (12 + 16j)\, i_w = 4(3 + 4j)\, i_w \end{aligned}$$

4.3 三相交流回路の電力

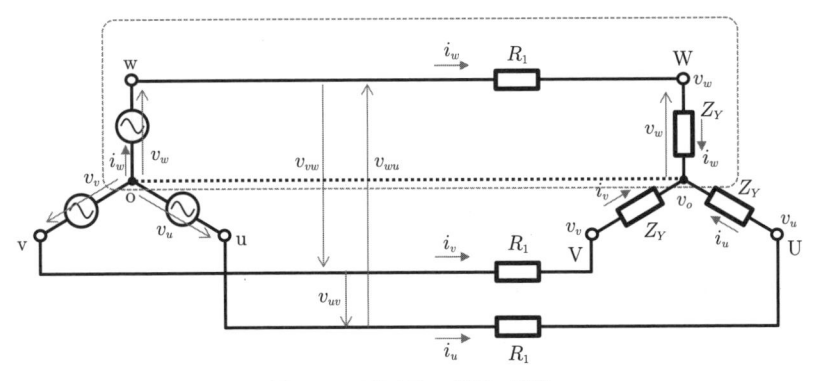

図 4.7 三相交流の例題の解答

i_w について解く.

$$i_w = \frac{1}{4(3+4j)}v_w = \frac{1}{Ke^{j\theta}}v_w = \frac{1}{K}e^{-j\theta}v_w \quad \leftarrow \frac{1}{a^b} = a^{-b} \quad (4.19)$$

$$K = 4\sqrt{3^2+4^2} = 4\sqrt{9+16} = 4\sqrt{25} = 20 \quad \leftarrow \text{式 (3.27)} \quad (4.20)$$

$$\theta = \tan^{-1}\frac{4}{3} \quad \leftarrow \text{式 (3.28)} \quad (4.21)$$

v_w を複素数にすると $v_w = 10e^{j300t}$ である. これを代入する.

$$i_w = \frac{1}{K}e^{-j\theta}10e^{j300t} = \frac{10}{K}e^{j(300t-\theta)} \quad \leftarrow e^a e^b = e^{a+b} \quad (4.22)$$

虚部を取り出して式 (4.20), (4.21) を代入し, i_w に置き換える.

$$\text{Im}[i_w] = \frac{10}{K}\sin(300t-\theta)$$

$$\therefore \ i_w = 0.5\sin\left(300t - \tan^{-1}\frac{4}{3}\right) \quad (4.23)$$

つぎに式 (4.17) で電力を求める. 式 (4.21) の $\theta = \tan^{-1}\frac{4}{3}$ は, p.132 の図 6.2 より底辺 3, 高さ 4 の直角三角形の偏角なので, その斜辺は $\sqrt{3^2+4^2} = \sqrt{25} = 5$ である. よって

$$\cos\theta = \frac{\text{底辺}}{\text{斜辺}} = \frac{3}{5} \quad (4.24)$$

$$\sin\theta = \frac{\text{高さ}}{\text{斜辺}} = \frac{4}{5} \quad (4.25)$$

である. Y 結線の線間電圧の振幅 V は, 相電圧の振幅 10 V を式 (4.2) に代入して

$$V = 10\sqrt{3} \quad (4.26)$$

である．線電流の振幅 I は，i_w の振幅なので

$$I = 0.5 \tag{4.27}$$

である．以上より，式 (4.17) に代入して P などを得る．

$$P = \sqrt{3}\frac{VI}{2}\cos\theta = \sqrt{3}\frac{10\sqrt{3}\cdot 0.5}{2}\left(\frac{3}{5}\right) = \frac{30}{4}\cdot\frac{3}{5} = \frac{9}{2} = 4.5\,\text{W}$$

$$Q = \sqrt{3}\frac{VI}{2}\sin\theta = \sqrt{3}\frac{10\sqrt{3}\cdot 0.5}{2}\left(\frac{4}{5}\right) = \frac{30}{4}\cdot\frac{4}{5} = 6\,\text{var}$$

$$S = \sqrt{3}\frac{VI}{2} = \sqrt{3}\frac{10\sqrt{3}\cdot 0.5}{2} = \frac{30}{4} = 7.5\,\text{VA}$$

$$P_f = \cos\theta = \frac{3}{5} = 0.6 \qquad\qquad \diamond$$

5 二端子対回路を「わかる」

二端子対回路は，電気回路の中身を見ないで，その入力と出力の関係だけを行列で表したものである．そうすることで，複雑な回路を簡単な等価回路で表現できたり，複数の回路の接続を行列の計算で機械的に行うことができる．その応用として，フィルタの設計，信号の伝送の効率計算，入力インピーダンスや出力インピーダンスの計算，トランジスタの解析などがある．

5.1 二端子対回路とは

二端子対回路（two–port network，あるいは 4 端子回路）は，図 5.1 に示すように，中身のわからない（ブラックボックスの）電気回路から二つの入力端子と二つの出力端子を引き出した回路である．入力電流 I_1，入力電圧 V_1，出力電流 I_2，出力電圧 V_2 の四つと，それらの関係を表す行列で回路の中身を表現することを考える．そのためにつぎの三つの仮定を設ける．

（i） 入力端子から回路に入る電流 I_1 と出る電流 I_1' とは等しい．出力端子

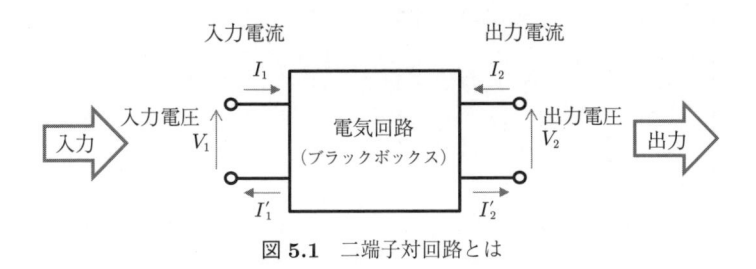

図 5.1 二端子対回路とは

から入る電流 I_2 と出る電流 I_2' とは等しい。

$$I_1 = I_1', \qquad I_2 = I_2' \tag{5.1}$$

（ⅱ）回路内の素子は RLC のように電圧と電流とが比例する。つまり線形である（p.140）。

（ⅲ）回路内に電源を含まない。ただし，V_1, I_1, V_2, I_2 のいずれかに比例する電圧または電流を発生する電源は含んでもよい。

二端子対回路を表現する行列には Z パラメータ，Y パラメータ，h パラメータ，F パラメータなどがある。

5.2　Z パラメータ

5.2.1　Z パラメータとは

Z パラメータ（z–parameter，あるいは Z 行列，インピーダンス行列）はつぎの式で与えられる。

$$\underbrace{\begin{bmatrix} V_1 \\ V_2 \end{bmatrix}}_{\text{電圧}} = \underbrace{\begin{bmatrix} Z_{11} & Z_{12} \\ Z_{21} & Z_{22} \end{bmatrix}}_{\text{インピーダンス}} \underbrace{\begin{bmatrix} I_1 \\ I_2 \end{bmatrix}}_{\text{電流}} \tag{5.2}$$

Z_{11} などの単位は Ω（オーム）で，次式で求められる。

$$\begin{cases} Z_{11} = \dfrac{V_1}{I_1}\bigg|_{I_2=0} & \leftarrow 入力電源 V_1 をつけ，出力を開放 (I_2 = 0) \\ Z_{12} = \dfrac{V_1}{I_2}\bigg|_{I_1=0} & \leftarrow 出力電源 V_2 をつけ，入力を開放 (I_1 = 0) \\ Z_{21} = \dfrac{V_2}{I_1}\bigg|_{I_2=0} & \leftarrow 入力電源 V_1 をつけ，出力を開放 (I_2 = 0) \\ Z_{22} = \dfrac{V_2}{I_2}\bigg|_{I_1=0} & \leftarrow 出力電源 V_2 をつけ，入力を開放 (I_1 = 0) \end{cases} \tag{5.3}$$

または，キルヒホッフの網目解析（p.44）で直接，式 (5.2) を導いてもよい。

5.2 Z パラメータ

例題 5.1 図 5.2 に Y 回路 (Y circuit, あるいは T 回路, スター回路, Y 結線の回路) を示す。この Y 回路の Z パラメータを求めよう。

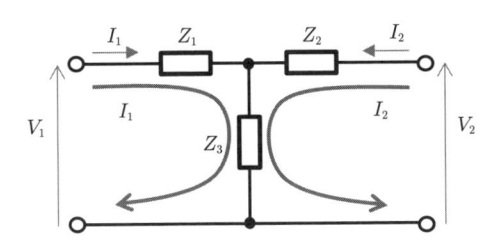

図 5.2 Y 回 路

【解答】 Y 回路の Z パラメータの求め方を図 5.3 に示す。図 (a) では、入力電源 V_1 をつけ、出力を開放して $I_2 = 0$ にしている。これは Z_1 と Z_3 を直列に接続して電源 V_1 をつないだ回路なので、オームの法則より $V_1 = (Z_1 + Z_3)I_1$ となる。これを式 (5.3) に代入して

$$Z_{11} = \frac{V_1}{I_1} = Z_1 + Z_3 \tag{5.4}$$

を得る。$I_2 = 0$ より、Z_2 には電流が流れないため、その電圧降下はない。よって V_2 は Z_3 の電圧降下なので、オームの法則より $V_2 = Z_3 I_1$ となる。これを式 (5.3) に代入して次式を得る。

$$Z_{21} = \frac{V_2}{I_1} = Z_3 \tag{5.5}$$

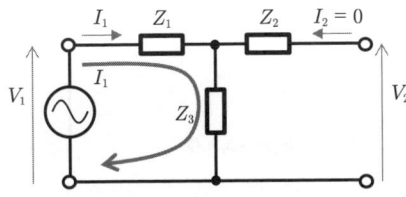

入力電源 V_1 をつけ、出力を開放 ($I_2 = 0$)

$$\begin{cases} V_1 = (Z_1 + Z_3)I_1 & \rightarrow \quad Z_{11} = \dfrac{V_1}{I_1} = Z_1 + Z_3 \\ V_2 = Z_3 I_1 & \rightarrow \quad Z_{21} = \dfrac{V_2}{I_1} = Z_3 \end{cases}$$

(a) Z_{11}, Z_{21} の計算

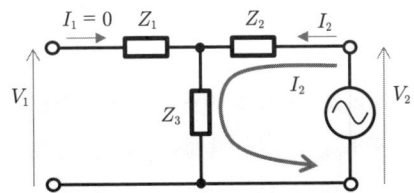

出力電源 V_2 をつけ、入力を開放 ($I_1 = 0$)

$$\begin{cases} V_1 = Z_3 I_2 & \rightarrow \quad Z_{12} = \dfrac{V_1}{I_2} = Z_3 \\ V_2 = (Z_2 + Z_3)I_2 & \rightarrow \quad Z_{22} = \dfrac{V_2}{I_2} = Z_2 + Z_3 \end{cases}$$

(b) Z_{12}, Z_{22} の計算

図 5.3 Y 回路の Z パラメータの求め方

つぎに図 (b) では，出力電源 V_2 をつけ，入力を開放して $I_1 = 0$ にしている。これは Z_2 と Z_3 を直列に接続して電源 V_2 をつないだ回路なので，オームの法則より $V_2 = (Z_2 + Z_3) I_2$ となる。これを式 (5.3) に代入して

$$Z_{22} = \frac{V_2}{I_2} = Z_2 + Z_3 \tag{5.6}$$

を得る。$I_1 = 0$ より，Z_1 には電流が流れないため，その電圧降下はない。よって V_1 は Z_3 の電圧降下なので，オームの法則より $V_1 = Z_3 I_2$ となる。これを式 (5.3) に代入して

$$Z_{12} = \frac{V_1}{I_2} = Z_3 \tag{5.7}$$

を得る。以上より，Y 回路の Z パラメータを得る。

$$\text{Y 回路の } Z \text{ パラメータ} \begin{bmatrix} V_1 \\ V_2 \end{bmatrix} = \begin{bmatrix} Z_1 + Z_3 & Z_3 \\ Z_3 & Z_2 + Z_3 \end{bmatrix} \begin{bmatrix} I_1 \\ I_2 \end{bmatrix} \tag{5.8}$$

別解として，キルヒホッフの網目解析（p.44）で直接，Z パラメータを求めてみよう。図 5.2 の入力 V_1, I_1 と出力 V_2, I_2 の回路方程式を導く。

ループ電流 I_1 について $V_1 = Z_1 I_1 + Z_3 (I_1 + I_2) = (Z_1 + Z_3) I_1 + Z_3 I_2$
$$\tag{5.9}$$

ループ電流 I_2 について $V_2 = Z_2 I_2 + Z_3 (I_2 + I_1) = Z_3 I_1 + (Z_2 + Z_3) I_2$
$$\tag{5.10}$$

これら二つの式を行列で表すと式 (5.8) の Z パラメータを得る（p.125 の式 (6.3)）。

◇

5.2.2　Z パラメータと直列接続

図 **5.4** に二端子対回路の直列接続を示す。R の直列接続と同じように，電圧が和（$V_1 = V_{11} + V_{21}$, p.9 の式 (1.11)）になるように，二端子対回路を縦に直列に接続する。つぎの二つの二端子対回路

$$\begin{bmatrix} V_{11} \\ V_{12} \end{bmatrix} = \begin{bmatrix} Z_{11} & Z_{12} \\ Z_{21} & Z_{22} \end{bmatrix} \begin{bmatrix} I_1 \\ I_2 \end{bmatrix} \tag{5.11}$$

$$\begin{bmatrix} V_{21} \\ V_{22} \end{bmatrix} = \begin{bmatrix} Z'_{11} & Z'_{12} \\ Z'_{21} & Z'_{22} \end{bmatrix} \begin{bmatrix} I'_1 \\ I'_2 \end{bmatrix} \tag{5.12}$$

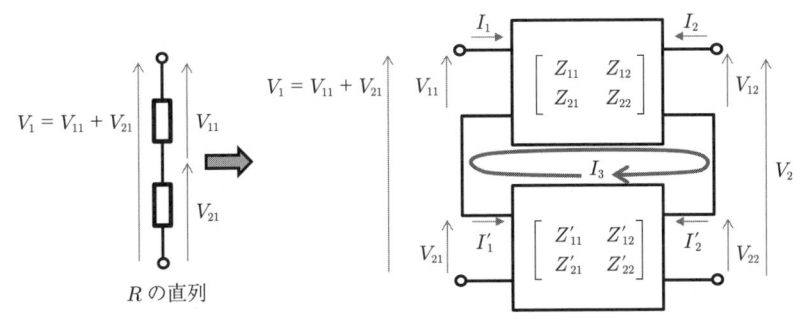

図 5.4　二端子対回路の直列接続

を直列接続すると，図 5.4 より $V_1 = V_{11} + V_{21}$，$V_2 = V_{12} + V_{22}$ となり，電圧が和になる。二つの回路の接続によって図 5.4 に示すループ電流 I_3 が発生するかもしれない。すると，入力電流 $I_1' = I_1 - I_3$，出力電流 $I_2' = I_2 + I_3$ となってしまう。$I_3 = 0$ であれば，$I_1' = I_1$，$I_2' = I_2$ が成り立つ。このとき，これらを式 (5.12) に代入して式 (5.11) に足して V_1, V_2 を求める。

$$\begin{bmatrix} V_1 \\ V_2 \end{bmatrix} = \begin{bmatrix} V_{11} \\ V_{12} \end{bmatrix} + \begin{bmatrix} V_{21} \\ V_{22} \end{bmatrix}$$

$$= \begin{bmatrix} Z_{11} & Z_{12} \\ Z_{21} & Z_{22} \end{bmatrix} \begin{bmatrix} I_1 \\ I_2 \end{bmatrix} + \begin{bmatrix} Z_{11}' & Z_{12}' \\ Z_{21}' & Z_{22}' \end{bmatrix} \begin{bmatrix} I_1 \\ I_2 \end{bmatrix}$$

$$= \left(\begin{bmatrix} Z_{11} & Z_{12} \\ Z_{21} & Z_{22} \end{bmatrix} + \begin{bmatrix} Z_{11}' & Z_{12}' \\ Z_{21}' & Z_{22}' \end{bmatrix} \right) \begin{bmatrix} I_1 \\ I_2 \end{bmatrix} \quad \leftarrow \text{行列の足し算は p.126}$$

$$\therefore \begin{bmatrix} V_1 \\ V_2 \end{bmatrix} = \begin{bmatrix} Z_{11} + Z_{11}' & Z_{12} + Z_{12}' \\ Z_{21} + Z_{21}' & Z_{22} + Z_{22}' \end{bmatrix} \begin{bmatrix} I_1 \\ I_2 \end{bmatrix} \quad (5.13)$$

ループ電流 $I_3 = 0$ のとき，二端子対回路を直列接続した回路の Z パラメータは，元の Z パラメータを足すだけで求まる。

例題 5.2 図 5.5(a) の回路の Z パラメータを求めよう。また，この回路と等価な Y 回路を求めよう。

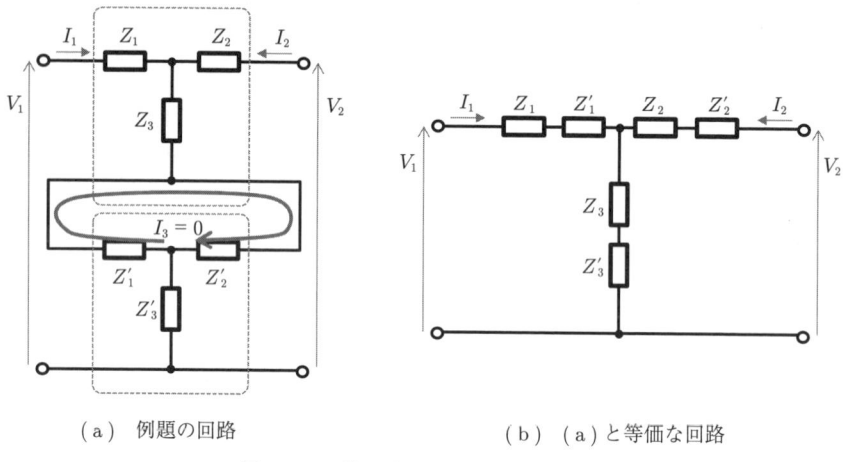

(a) 例題の回路

(b) (a) と等価な回路

図 5.5 二端子対回路の直列接続の例題

【解答】 図 (a) の回路は Z_1, Z_2, Z_3 の Y 回路と，Z_1', Z_2', Z_3' の Y 回路を直列接続している。これら二つの Y 回路の Z パラメータは式 (5.8) より

$$\begin{bmatrix} Z_1 + Z_3 & Z_3 \\ Z_3 & Z_2 + Z_3 \end{bmatrix}, \quad \begin{bmatrix} Z_1' + Z_3' & Z_3' \\ Z_3' & Z_2' + Z_3' \end{bmatrix} \quad (5.14)$$

である。この回路の中央の I_3 のループには，節点が二つしかない。このとき電流は，川の水の流れと同じで，電位が高い節点から，低い節点に流れるだけである。したがって，ループ電流 I_3 は流れないので $I_3 = 0$ である。このとき，直列接続した回路の Z パラメータは，式 (5.13) より，もとの Z パラメータの和なので

$$\begin{bmatrix} (Z_1 + Z_1') + (Z_3 + Z_3') & (Z_3 + Z_3') \\ (Z_3 + Z_3') & (Z_2 + Z_2') + (Z_3 + Z_3') \end{bmatrix} \quad (5.15)$$

である。インピーダンスの和は直列接続である (p.9 の式 (1.17))。よって，この Z パラメータの Y 回路をつくると，式 (5.13) より図 (b) の回路になる。図 (a) と図 (b) の回路はたがいに等価な回路である。   ◇

5.3 Y パラメータ

5.3.1 Y パラメータとは

Y パラメータ（y–parameter，あるいは Y 行列，アドミタンス行列）はつぎの式で与えられる．

$$\underbrace{\begin{bmatrix} I_1 \\ I_2 \end{bmatrix}}_{\text{電流}} = \underbrace{\begin{bmatrix} Y_{11} & Y_{12} \\ Y_{21} & Y_{22} \end{bmatrix}}_{\text{アドミタンス}} \underbrace{\begin{bmatrix} V_1 \\ V_2 \end{bmatrix}}_{\text{電圧}} \tag{5.16}$$

アドミタンスはインピーダンスの逆数である（p.70）．式 (5.2) より，Z 行列と Y 行列とはたがいに逆行列（p.131 の式 (6.21)）の関係にある．

$$\begin{bmatrix} Y_{11} & Y_{12} \\ Y_{21} & Y_{22} \end{bmatrix} = \begin{bmatrix} Z_{11} & Z_{12} \\ Z_{21} & Z_{22} \end{bmatrix}^{-1} = \frac{1}{Z_{11}Z_{22} - Z_{12}Z_{21}} \begin{bmatrix} Z_{22} & -Z_{12} \\ -Z_{21} & Z_{11} \end{bmatrix} \tag{5.17}$$

$$\begin{bmatrix} Z_{11} & Z_{12} \\ Z_{21} & Z_{22} \end{bmatrix} = \begin{bmatrix} Y_{11} & Y_{12} \\ Y_{21} & Y_{22} \end{bmatrix}^{-1} = \frac{1}{Y_{11}Y_{22} - Y_{12}Y_{21}} \begin{bmatrix} Y_{22} & -Y_{12} \\ -Y_{21} & Y_{11} \end{bmatrix} \tag{5.18}$$

Y_{11} などの単位は S（ジーメンス，Ω^{-1} と同じ）で，次式で求められる．

$$\begin{cases} Y_{11} = \left.\dfrac{I_1}{V_1}\right|_{V_2=0} & \leftarrow \text{入力電源 } V_1 \text{ をつけ，出力を短絡 } (V_2 = 0) \\ Y_{12} = \left.\dfrac{I_1}{V_2}\right|_{V_1=0} & \leftarrow \text{出力電源 } V_2 \text{ をつけ，入力を短絡 } (V_1 = 0) \\ Y_{21} = \left.\dfrac{I_2}{V_1}\right|_{V_2=0} & \leftarrow \text{入力電源 } V_1 \text{ をつけ，出力を短絡 } (V_2 = 0) \\ Y_{22} = \left.\dfrac{I_2}{V_2}\right|_{V_1=0} & \leftarrow \text{出力電源 } V_2 \text{ をつけ，入力を短絡 } (V_1 = 0) \end{cases} \tag{5.19}$$

または，キルヒホッフの節点解析（p.48）で直接，式 (5.16) を導いてもよい．

例題 5.3 図 5.6 に Δ 回路（Δ circuit，あるいはデルタ回路，π 回路，Δ 結線の回路）を示す。Y_1，Y_2，Y_3 はアドミタンスである。この Δ 回路の Y パラメータを求めよう。

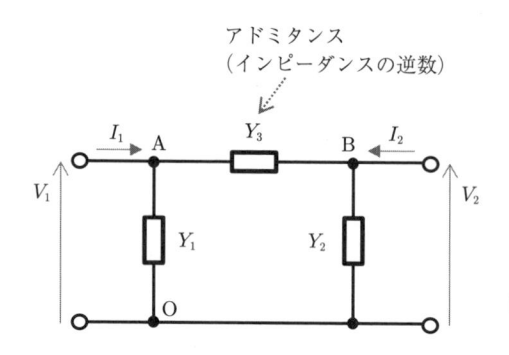

図 5.6 Δ 回 路

【解答】 アドミタンスはインピーダンスの逆数なので，それぞれのインピーダンスは Y_1^{-1}，Y_2^{-1}，Y_3^{-1} である。

図 5.7 に示すように，図（a）では，入力電源 V_1 をつけ，出力を短絡して $V_2 = 0$ にしている。このとき，Y_2 は導線と並列につながるため，電流はすべて導線を流れて Y_2 にはまったく流れない。つまり Y_2 は絶縁体の空気と同じなので，この回路は Y_2 を外した回路とみなせる。すると Y_1 と Y_3 を並列に接続して電源 V_1 をつなげた回路になるので，回路全体の合成インピーダンスは $(Y_1 + Y_3)^{-1}$ になる。

入力電源 V_1 をつけ，出力を短絡 ($V_2 = 0$)　　　出力電源 V_2 をつけ，入力を短絡 ($V_1 = 0$)

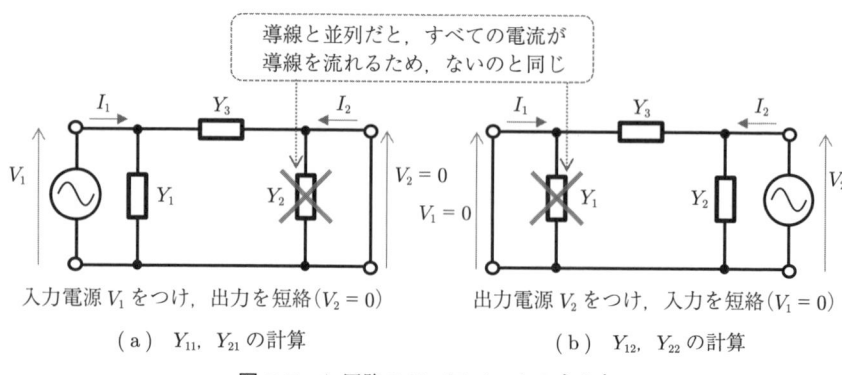

（a） Y_{11}，Y_{21} の計算　　　　　　　　　（b） Y_{12}，Y_{22} の計算

図 5.7 Δ 回路の Y パラメータの求め方

よって，オームの法則より $V_1 = (Y_1 + Y_3)^{-1} I_1$ となる．これを式 (5.19) に代入して

$$Y_{11} = \frac{I_1}{V_1} = Y_1 + Y_3 \tag{5.20}$$

を得る．また，電源 V_1 と Y_3 とが並列につながっているため，Y_3 の両端の電位差は V_1 である．V_1 の矢印が向いているほうが電位が高いので，電流は Y_3 を右に流れる．しかし I_2 の向きは逆なので Y_3 を流れる電流は $-I_2$ である．よってオームの法則より $V_1 = -Y_3^{-1} I_2$ となる．これを式 (5.19) に代入して

$$Y_{21} = \frac{I_2}{V_1} = -Y_3 \tag{5.21}$$

を得る．

つぎに図 (b) では，入力電源 V_2 をつけ，入力を短絡して $V_1 = 0$ にしている．このとき，Y_1 は導線と並列につながっているので，図 (a) と同様に，この回路は Y_2 と Y_3 を並列に接続して電源 V_2 をつなげた回路とみなせる．すると Y_2 と Y_3 を並列に接続して電源 V_2 をつなげた回路になるので，回路全体の合成インピーダンスは $(Y_2 + Y_3)^{-1}$ になる．よって，オームの法則より $V_2 = (Y_2 + Y_3)^{-1} I_2$ となる．これを式 (5.19) に代入して

$$Y_{22} = \frac{I_2}{V_2} = Y_2 + Y_3 \tag{5.22}$$

を得る．電源 V_2 と Y_3 とが並列につながっているため，Y_3 の両端の電圧は V_2 である．V_2 の矢印が向いているほうが電位が高いので，電流は Y_3 を左に流れる．しかし I_1 の向きは逆なので Y_3 を流れる電流は $-I_1$ である．よってオームの法則より $V_2 = -Y_3^{-1} I_1$ となる．これを式 (5.19) に代入して

$$Y_{12} = \frac{I_1}{V_2} = -Y_3 \tag{5.23}$$

を得る．以上より，Δ 回路の Y パラメータを得る．

$$\Delta \text{回路の } Y \text{ パラメータ} \quad \begin{bmatrix} I_1 \\ I_2 \end{bmatrix} = \begin{bmatrix} Y_1 + Y_3 & -Y_3 \\ -Y_3 & Y_2 + Y_3 \end{bmatrix} \begin{bmatrix} V_1 \\ V_2 \end{bmatrix} \tag{5.24}$$

つぎに，キルヒホッフの節点解析（p.48）で直接，Z パラメータを求めてみよう．図 5.6 の入力 V_1, I_1 と出力 V_2, I_2 の回路方程式を導く．節点 O をグランドにとる．

節点 A について $I_1 = Y_1 V_1 + Y_3 (V_1 - V_2) = (Y_1 + Y_3) V_1 - Y_3 V_2 \tag{5.25}$

節点 B について $I_2 = Y_2 V_2 + Y_3 (V_2 - V_1) = -Y_3 V_1 + (Y_2 + Y_3) V_2 \tag{5.26}$

これら二つの式を行列で表すと式 (5.24) の Y パラメータを得る（p.125 の式 (6.3)）。 ◇

5.3.2 Y パラメータと並列接続

図 5.4 に二端子対回路の並列接続を示す。R の並列接続と同じように，電流が和（$I_1 = I_{11} + I_{21}$，p.12 の式 (1.21)）になるように，二端子対回路を奥と手前に並列に接続する。つぎの二つの二端子対回路

$$\begin{bmatrix} I_{11} \\ I_{12} \end{bmatrix} = \begin{bmatrix} Y_{11} & Y_{12} \\ Y_{21} & Y_{22} \end{bmatrix} \begin{bmatrix} V_1 \\ V_2 \end{bmatrix} \tag{5.27}$$

$$\begin{bmatrix} I_{21} \\ I_{22} \end{bmatrix} = \begin{bmatrix} Y'_{11} & Y'_{12} \\ Y'_{21} & Y'_{22} \end{bmatrix} \begin{bmatrix} V_1 \\ V_2 \end{bmatrix} \tag{5.28}$$

を並列接続すると，図 **5.8** より二つの回路の入力端子が共通なので二つの回路の入力電圧 V_1 は等しくなる。同様に出力電圧 V_2 も等しくなる。図の節点にキルヒホッフの電流則（p.6）を使うと $I_1 = I_{11} + I_{21}$，$I_2 = I_{12} + I_{22}$ となり，電流が和になる。接続前の二つの二端子対回路では $I_{11} = I'_{11}$，$I_{12} = I'_{12}$ を仮定している（p.108）。二つの二端子対回路の下側の入出力端子を通るループ電流を I_3 とすると，$I_3 = 0$ のときに並列接続してもこの仮定が成立する。このとき，並列接続しても各回路を二端子対回路として扱えるので，式 (5.27), (5.28) が成立する。ゆえに，これらを足すことができる。

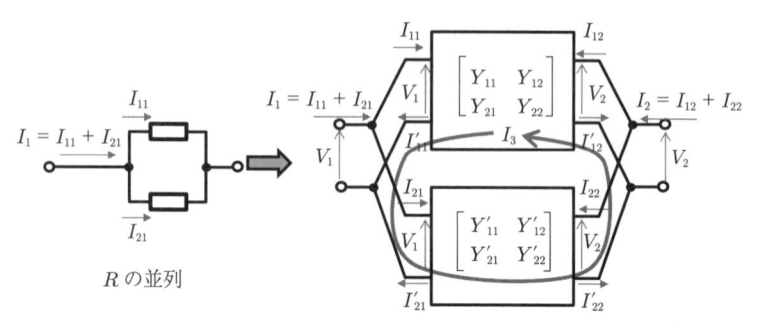

図 **5.8** 二端子対回路の並列接続

$$\begin{bmatrix} I_1 \\ I_2 \end{bmatrix} = \begin{bmatrix} I_{11} \\ I_{12} \end{bmatrix} + \begin{bmatrix} I_{21} \\ I_{22} \end{bmatrix}$$

$$= \begin{bmatrix} Y_{11} & Y_{12} \\ Y_{21} & Y_{22} \end{bmatrix} \begin{bmatrix} V_1 \\ V_2 \end{bmatrix} + \begin{bmatrix} Y'_{11} & Y'_{12} \\ Y'_{21} & Y'_{22} \end{bmatrix} \begin{bmatrix} V_1 \\ V_2 \end{bmatrix}$$

$$= \left(\begin{bmatrix} Y_{11} & Y_{12} \\ Y_{21} & Y_{22} \end{bmatrix} + \begin{bmatrix} Y'_{11} & Y'_{12} \\ Y'_{21} & Y'_{22} \end{bmatrix} \right) \begin{bmatrix} V_1 \\ V_2 \end{bmatrix} \quad \leftarrow \text{行列の足し算は p.126}$$

$$\therefore \begin{bmatrix} I_1 \\ I_2 \end{bmatrix} = \begin{bmatrix} Y_{11} + Y'_{11} & Y_{12} + Y'_{12} \\ Y_{21} + Y'_{21} & Y_{22} + Y'_{22} \end{bmatrix} \begin{bmatrix} V_1 \\ V_2 \end{bmatrix} \tag{5.29}$$

ループ電流 $I_3 = 0$ のとき，二端子対回路を並列接続した回路の Y パラメータは，元の Y パラメータを足すだけで求まる．

例題 5.4 図 **5.9**(a) の回路の Y パラメータを求めよう．また，この回路と等価な Δ 回路を求めよう．

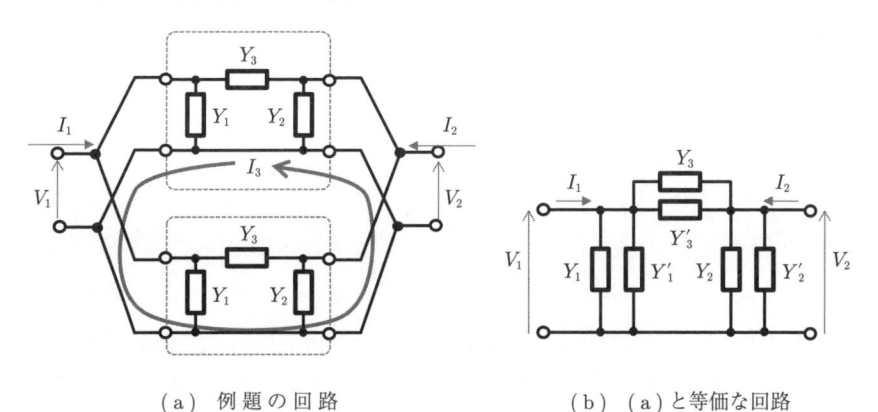

(a) 例題の回路　　(b) (a)と等価な回路

図 **5.9** 二端子対回路の並列接続の例題

【解答】 図 (a) の回路はアドミタンス Y_1, Y_2, Y_3 の Δ 回路と, Y_1', Y_2', Y_3' の Δ 回路を並列接続している. この二つの Δ 回路の Y パラメータは式 (5.24) より

$$\begin{bmatrix} Y_1 + Y_3 & -Y_3 \\ -Y_3 & Y_2 + Y_3 \end{bmatrix}, \quad \begin{bmatrix} Y_1' + Y_3' & -Y_3' \\ -Y_3' & Y_2' + Y_3' \end{bmatrix} \quad (5.30)$$

である. この回路のループ電流 I_3 のループは導線だけでできている. 導線内には電圧降下も起電力もないため, ループ電流 I_3 は流れない. よって $I_3 = 0$ である. このとき, 並列接続した回路の Y パラメータは, 式 (5.29) より, 元の Y パラメータの和なので

$$\begin{bmatrix} (Y_1 + Y_1') + (Y_3 + Y_3') & -(Y_3 + Y_3') \\ -(Y_3 + Y_3') & (Y_2 + Y_2') + (Y_3 + Y_3') \end{bmatrix} \quad (5.31)$$

である. $(Y_1 + Y_1')^{-1}$ はインピーダンスを並列に接続したときの合成インピーダンスである (p.13 の式 (1.26)). よって, $Y_1 + Y_1'$ はアドミタンスを並列に接続した回路である. ゆえに式 (5.31) の Δ 回路をつくると, 式 (5.24) より図 (b) の回路になる. 図 (a) と図 (b) の回路はたがいに等価な回路である. ◇

5.4 h パラメータ

h パラメータ (h–parameter, あるいはハイブリッドパラメータ, ハイブリッド行列) はつぎの式で与えられる.

$$\begin{bmatrix} V_1 \\ I_2 \end{bmatrix} = \begin{bmatrix} h_{ie} & h_{re} \\ h_{fe} & h_{oe} \end{bmatrix} \begin{bmatrix} I_1 \\ V_2 \end{bmatrix} \quad (5.32)$$

I_1 が小さいとき, トランジスタは, 入力を大きくして出力する増幅の働きをする. またトランジスタは, I_1 が 0 のときは I_2 を通さず, 大きいときは I_2 を通すスイッチとしても使われる. 図 5.10 にトランジスタの電気記号と, 増幅するときの h パラメータによる等価回路を示す. h_{oe} はアドミタンスで 0 に近似することが多い. このとき式 (5.32) より $I_2 = h_{fe} I_1$ となり, 入力電流 I_1 を h_{fe} 倍に大きくして電流 I_2 として出力する増幅ができる. 増幅は, センサで検出した微弱な電圧を大きくするときや, マイクの音をスピーカで大きくするときなどに使われる.

(a) 電気記号　　　　　　　(b) 等価回路

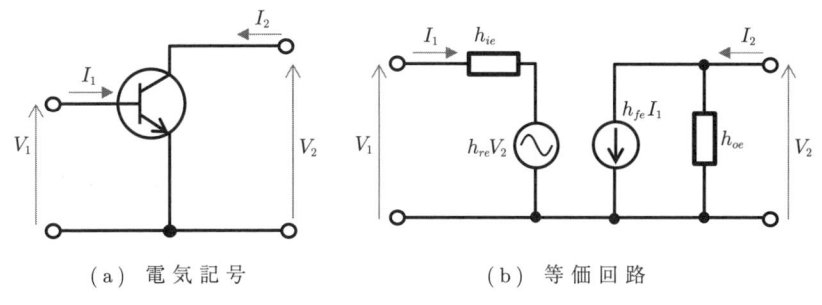

図 5.10　トランジスタと h パラメータによる等価回路

トランジスタをスイッチとして使うとき，I_1, I_2, V_1, V_2 がたがいに比例しなくなるので非線形である。スイッチとして使うときは短い時間にオン・オフを繰り返してパルス波形をつくり，パルス幅を太くしたり細くしたりして，平均値を変えることで，モータの回転速度を制御するときなどに使われる。これを**パルス幅変調**（pulse width modulation, **PWM**）という。

5.5　F パラメータ

5.5.1　F パラメータとは

F パラメータ（ABCD–parameter，あるいは **F 行列**，**ABCD パラメータ**，基本行列，ファンダメンタル行列，縦続行列，伝送行列）はつぎの式で与えられる。

$$\underbrace{\begin{bmatrix} V_1 \\ I_1 \end{bmatrix}}_{入力} = \underbrace{\begin{bmatrix} A & B \\ C & D \end{bmatrix}}_{行列} \underbrace{\begin{bmatrix} V_2 \\ I_2 \end{bmatrix}}_{出力} \tag{5.33}$$

I_2 の向きは，他の二端子対回路と逆である（図 **5.11**）。

図 5.11 Y 回路の Z パラメータの求め方

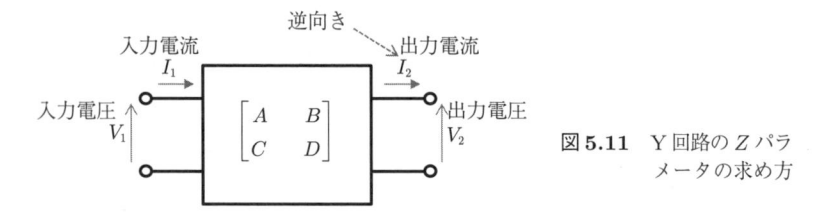

A, B, C, D は次式で求められる。

$$\begin{cases} A = \dfrac{V_1}{V_2}\bigg|_{I_2=0} & \leftarrow 入力電源 V_1 をつけ，出力を開放（I_2=0）\\ B = \dfrac{V_1}{I_2}\bigg|_{V_2=0} & \leftarrow 入力電源 V_1 をつけ，出力を短絡（V_2=0）\\ C = \dfrac{I_1}{V_2}\bigg|_{I_2=0} & \leftarrow 入力電源 V_1 をつけ，出力を開放（I_2=0）\\ D = \dfrac{I_1}{I_2}\bigg|_{V_2=0} & \leftarrow 入力電源 V_1 をつけ，出力を短絡（V_2=0） \end{cases} \quad (5.34)$$

または，キルヒホッフの網目解析 (p.44) や，節点解析 (p.48) で直接，式 (5.33) を導いてもよい。

5.5.2　F パラメータと縦続接続

図 5.12 に二端子対回路の縦続接続（カスケード接続）を示す。つぎの二つの二端子対回路

$$\begin{bmatrix} V_1 \\ I_1 \end{bmatrix} = \begin{bmatrix} A_1 & B_1 \\ C_1 & D_1 \end{bmatrix} \begin{bmatrix} V_2 \\ I_2 \end{bmatrix} \quad (5.35)$$

$$\begin{bmatrix} V_2 \\ I_2 \end{bmatrix} = \begin{bmatrix} A_2 & B_2 \\ C_2 & D_2 \end{bmatrix} \begin{bmatrix} V_3 \\ I_3 \end{bmatrix} \quad (5.36)$$

を縦続接続すると，図 5.12 より左の回路の出力がそのまま右の回路の入力になる。その計算は，単純に式 (5.35) の $\begin{bmatrix} V_2 \\ I_2 \end{bmatrix}$ に式 (5.36) の右辺を代入すればよい。

5.5 F パラメータ

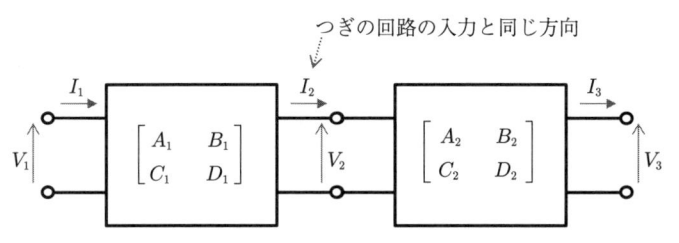

図 **5.12** 二端子対回路の縦続接続

$$\begin{bmatrix} V_1 \\ I_1 \end{bmatrix} = \begin{bmatrix} A_1 & B_1 \\ C_1 & D_1 \end{bmatrix} \begin{bmatrix} A_2 & B_2 \\ C_2 & D_2 \end{bmatrix} \begin{bmatrix} V_3 \\ I_3 \end{bmatrix} \tag{5.37}$$

縦続接続した回路の F 行列は，元の F 行列の積（p.128 の図 **6.1**）である。

式 (5.37) の行列の積（p.127）を計算するとつぎのようになる。

$$\begin{bmatrix} V_1 \\ I_1 \end{bmatrix} = \begin{bmatrix} A_1 A_2 + B_1 C_2 & A_1 B_2 + B_1 D_2 \\ C_1 A_2 + D_1 C_2 & C_1 B_2 + D_1 D_2 \end{bmatrix} \begin{bmatrix} V_3 \\ I_3 \end{bmatrix} \tag{5.38}$$

例題 5.5 図 **5.13** の RC 直列回路の v を入力，v_C を出力とする回路の F パラメータを求めよう。また，$i_C = 0$ のときの入出力比 $\dfrac{v_C}{v}$ を求めよう。

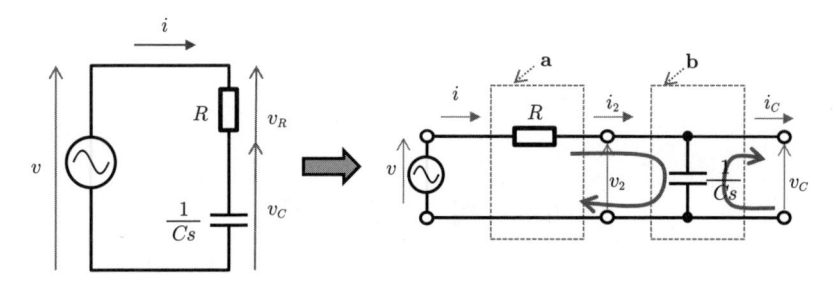

図 **5.13** RC 直列回路の縦続接続による表現

【解答】 RC 直列回路を図 5.13 のように二端子対回路で表す。図の **a** の回路について

$$i_2 = i \quad \rightarrow \quad i = 0 \cdot v_2 + 1 \cdot i_2 \tag{5.39}$$

$$v - v_2 = Ri_2 \quad \rightarrow \quad v = 1 \cdot v_2 + R \cdot i_2 \tag{5.40}$$

が成り立つ。これらを行列にすると

$$\begin{bmatrix} v \\ i \end{bmatrix} = \begin{bmatrix} 1 & R \\ 0 & 1 \end{bmatrix} \begin{bmatrix} v_2 \\ i_2 \end{bmatrix} \tag{5.41}$$

となる（p.125 の式 (6.3)）。図 **b** の回路について

$$v_C = v_2 \qquad \rightarrow v_2 = 1 \cdot v_C + 0 \cdot i_C \tag{5.42}$$

$$v_2 = \frac{1}{Cs}(i_2 - i_C) \rightarrow i_2 = Cs \cdot v_2 + i_C \quad \therefore \quad i_2 = \underbrace{Cs \cdot v_C + 1 \cdot i_C}_{\text{式 (5.42) より } v_2 = v_C}$$
$$\tag{5.43}$$

が成り立つので同様にして

$$\begin{bmatrix} v_2 \\ i_2 \end{bmatrix} = \begin{bmatrix} 1 & 0 \\ Cs & 1 \end{bmatrix} \begin{bmatrix} v_C \\ i_C \end{bmatrix} \tag{5.44}$$

となる。式 (5.41) の $\begin{bmatrix} v_2 \\ i_2 \end{bmatrix}$ に式 (5.44) の右辺を代入して，縦続接続した回路全体の F パラメータを得る。

$$\begin{bmatrix} v \\ i \end{bmatrix} = \begin{bmatrix} 1 & R \\ 0 & 1 \end{bmatrix} \begin{bmatrix} 1 & 0 \\ Cs & 1 \end{bmatrix} \begin{bmatrix} v_C \\ i_C \end{bmatrix}$$

$$\therefore \quad = \begin{bmatrix} CRs + 1 & R \\ Cs & 1 \end{bmatrix} \begin{bmatrix} v_C \\ i_C \end{bmatrix} \leftarrow \text{行列の積は p.128 の図 6.1}$$
$$\tag{5.45}$$

この式の 1 行目に $i_C = 0$ を代入して $\dfrac{v_C}{v} = \dfrac{1}{CRs+1}$ を得る。 $\diamondsuit$

5.6 相 反 性

5.6.1 相 反 性 と は

ある二端子対回路に対し，図 **5.14**(a) の接続をしたときの V_1, I_2 と，図 (b) の接続をしたときの V_2, I_1 とが

$$\frac{V_1}{I_2} = \frac{V_2}{I_1} \tag{5.46}$$

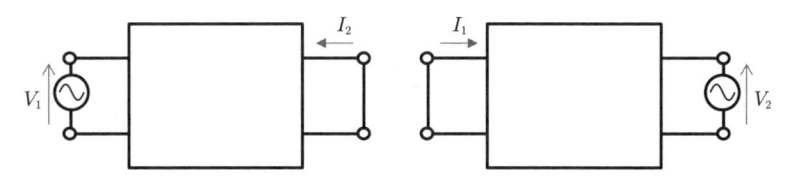

(a) 入力に電圧源, 出力を短絡 　　(b) 入力側と出力側の接続を逆に

図 5.14 相反性と回路の接続

を満たすとき, 回路が相反性 (reciprocity, あるいは可逆性) を満たす, または相反 (可逆) であるという。$V_1 = V_2$ のとき, 式 (5.46) より, $I_1 = I_2$ となる。その意味を考えよう。図 (a) のように入力側に電源 V_1 を接続して出力側を短絡したときの出力電流は I_2 である。その逆に, 図 (b) のように入力側と出力側を入れ替えて, 出力側に同じ電源 $V_2 = V_1$ を接続して入力側を短絡したときの電流は I_1 である。これらの二つの電流が等しいとき, 式 (5.46) が成り立ち相反性を満たす。つまり, 相反性 (可逆性) を満たすときは, 入力側と出力側を入れ替えても流れる電流が同じなのである。相反よりも可逆のほうが言葉としてふさわしいと思うかもしれない。「相反」は, 相反するのではなく,「相互に反応」するという意味なのである。RLC からなる回路は相反性を満たすが, トランジスタやダイオードを含む回路は満たさない。

5.6.2　相反性とパラメータ

回路が相反性を満たすときに, 各パラメータがつぎの条件を満たす (p.151)。

Z パラメータ $Z_{12} = Z_{21}$ 　　　　　　　　　　　　　　　(5.47)

Y パラメータ $Y_{12} = Y_{21}$ 　　　　　　　　　　　　　　　(5.48)

F パラメータ $AD - BC = 1$ 　　　　　　　　　　　　(5.49)

これらを利用すると, パラメータの導出や計算が簡単になる。本書で扱う二端子対回路は, トランジスタの等価回路を除いて, すべて相反性を満たしている。

─ Part II【ナットク編】─

6 わかる編を理論的に裏づけて「ナットク」する

本編では，わかる編でわかったことをナットクするために，その理論的裏づけをしよう．そのために，まず電気回路で必要となる高校の数学の復習とその応用について学ぼう．

6.1 高校数学とその応用を「ナットク」する

ここでは，連立一次方程式と行列の関係，三角関数，複素数を復習し，オイラーの公式を導く．

6.1.1 一次方程式とベクトル

一次方程式 $2x + 3y = 4$ を

$$[2 \ 3] \begin{bmatrix} x \\ y \end{bmatrix} = 4 \tag{6.1}$$

と表そう．この表し方のルールは，この式の左辺の計算結果を $2x + 3y$ にすることだけである．このように数値や変数を横や縦に複数並べたものを**ベクトル**という．縦に並べたベクトルを**列ベクトル**（column vector）といい，横に並べたベクトルを**行ベクトル**（row vector）という．このベクトル同士の積を**内積**（inner product）という．ベクトルの中の数値や変数を**要素**（element）といい，要素の総数を**次数**（order）という．高校ではベクトルを $\vec{a}$ のように矢印で表したが，本書では $\boldsymbol{a}$ のように太字で表す．n 次で横長の行ベクトル $\boldsymbol{a} = [a_1 \ a_2 \ \cdots \ a_n]$

と，$b_1, b_2, \cdots, b_n$ を要素としてもつ n 次の列ベクトル $\boldsymbol{b}$ の内積 $\boldsymbol{ab}$ は次式で定義される[†]。

$$\boldsymbol{ab} = [a_1 \ a_2 \ \cdots \ a_n] \begin{bmatrix} b_1 \\ b_2 \\ \vdots \\ b_n \end{bmatrix}$$

$$= a_1 b_1 + a_2 b_2 + \cdots + a_n b_n \tag{6.2}$$

6.1.2 連立一次方程式と行列

つぎの**連立一次方程式**を式 (6.1) のようにベクトルで表そう。

$$2x + 3y = 4 \rightarrow [2 \ 3] \begin{bmatrix} x \\ y \end{bmatrix} = 4 \tag{6.3}$$

$$5x + 6y = 7 \rightarrow [5 \ 6] \begin{bmatrix} x \\ y \end{bmatrix} = 7 \tag{6.4}$$

これらの左辺の $[2 \ 3]$ と $[5 \ 6]$ を縦に並べ，右辺も縦に並べてベクトルにして

$$\begin{bmatrix} 2 & 3 \\ 5 & 6 \end{bmatrix} \begin{bmatrix} x \\ y \end{bmatrix} = \begin{bmatrix} 4 \\ 7 \end{bmatrix} \tag{6.5}$$

と表そう。この表し方のルールは，左辺の計算結果が

$$\begin{bmatrix} 2x + 3y \\ 5x + 6y \end{bmatrix}$$

になることだけである。ベクトルを並べた

$$\begin{bmatrix} 2 & 3 \\ 5 & 6 \end{bmatrix}$$

を**行列**（matrix）という。行列の横の並びを**行**（row）といい，行の総数を**行**

[†] 内積 $\boldsymbol{ab}$ を $\vec{a} \cdot \vec{b}$ と書くこともある

数という。行列の縦の並びを**列**（column）といい，列の総数を**列数**という。行数と列数を合わせて**サイズ**（size）という。この行列のサイズは2行2列であり，2×2行列と書く。

式 (6.5) の行列を $\boldsymbol{A}$, $\begin{bmatrix} x \\ y \end{bmatrix}$ を $\boldsymbol{x}$, $\begin{bmatrix} 4 \\ 7 \end{bmatrix}$ を $\boldsymbol{b}$ とおくと，つぎのように連立一次方程式をシンプルに表せる。

$$\boldsymbol{A}\boldsymbol{x} = \boldsymbol{b} \tag{6.6}$$

これが行列のメリットである。また，ベクトルは列数または行数が1の行列なので，その四則演算は行列と同じである。

6.1.3 行列の足し算と引き算

つぎの二つの連立方程式を足したときに行列がどうなるかを考えよう。

$$\begin{cases} 2x + 3y = 4 \\ 5x + 6y = 7 \end{cases} \text{と} \begin{cases} 3x + 4y = 5 \\ 6x + 7y = 8 \end{cases}$$

↓上の式同士と下の式同士を足す

$$\begin{cases} (2+3)x + (3+4)y = 4+5 \\ (5+6)x + (6+7)y = 7+8 \end{cases}$$

↓行列で表す (式 (6.3), (6.5) の関係)

$$\therefore \begin{bmatrix} 2+3 & 3+4 \\ 5+6 & 6+7 \end{bmatrix} \begin{bmatrix} x \\ y \end{bmatrix} = \begin{bmatrix} 4+5 \\ 7+8 \end{bmatrix} \tag{6.7}$$

ここで，二つの連立方程式を行列の形にしてから足してみよう。

$$\begin{bmatrix} 2 & 3 \\ 5 & 6 \end{bmatrix} \begin{bmatrix} x \\ y \end{bmatrix} = \begin{bmatrix} 4 \\ 7 \end{bmatrix} \text{と} \begin{bmatrix} 3 & 4 \\ 6 & 7 \end{bmatrix} \begin{bmatrix} x \\ y \end{bmatrix} = \begin{bmatrix} 5 \\ 6 \end{bmatrix} \text{を足すと}$$

$$\begin{bmatrix} 2 & 3 \\ 5 & 6 \end{bmatrix} \begin{bmatrix} x \\ y \end{bmatrix} + \begin{bmatrix} 3 & 4 \\ 6 & 7 \end{bmatrix} \begin{bmatrix} x \\ y \end{bmatrix} = \begin{bmatrix} 4 \\ 7 \end{bmatrix} + \begin{bmatrix} 5 \\ 6 \end{bmatrix}$$

$$\therefore \left(\begin{bmatrix} 2 & 3 \\ 5 & 6 \end{bmatrix} + \begin{bmatrix} 3 & 4 \\ 6 & 7 \end{bmatrix} \right) \begin{bmatrix} x \\ y \end{bmatrix} = \begin{bmatrix} 4 \\ 7 \end{bmatrix} + \begin{bmatrix} 5 \\ 6 \end{bmatrix} \tag{6.8}$$

式 (6.7), (6.8) の左辺の行列の部分を見比べると

$$\begin{bmatrix} 2 & 3 \\ 5 & 6 \end{bmatrix} + \begin{bmatrix} 3 & 4 \\ 6 & 7 \end{bmatrix} = \begin{bmatrix} 2+4 & 3+4 \\ 5+6 & 6+7 \end{bmatrix}$$

となっている。よって行列の足し算は，行列の同じ場所（同じ行，同じ列）の要素同士をそれぞれ足す。また，同様に考えると，行列の引き算は，同じ列と行の要素同士を引く。ベクトルも同じである。

6.1.4 行列の定数倍

つぎの連立方程式を 10 倍したときの行列を考える。

$$\begin{cases} 2x + 3y = 4 \\ 5x + 6y = 7 \end{cases}$$

↓ 10 倍する

$$\begin{cases} 10 \cdot 2x + 10 \cdot 3y = 10 \cdot 4 \\ 10 \cdot 5x + 10 \cdot 6y = 10 \cdot 7 \end{cases}$$

↓ 行列の形にする（式 (6.3), (6.5) の関係）

$$\begin{bmatrix} 10 \cdot 2 & 10 \cdot 3 \\ 10 \cdot 5 & 10 \cdot 6 \end{bmatrix} \begin{bmatrix} x \\ y \end{bmatrix} = \begin{bmatrix} 10 \cdot 4 \\ 10 \cdot 7 \end{bmatrix} \tag{6.9}$$

ここで，元の連立方程式を行列の形にしてから両辺に 10 を掛けてみよう。

$$10 \begin{bmatrix} 2 & 3 \\ 5 & 6 \end{bmatrix} \begin{bmatrix} x \\ y \end{bmatrix} = 10 \begin{bmatrix} 4 \\ 7 \end{bmatrix} \tag{6.10}$$

この式と式 (6.9) の左辺の行列の部分を見比べると

$$10 \begin{bmatrix} 2 & 3 \\ 5 & 6 \end{bmatrix} = \begin{bmatrix} 10 \cdot 2 & 10 \cdot 3 \\ 10 \cdot 5 & 10 \cdot 6 \end{bmatrix}$$

となっている。よって行列の定数倍（スカラ倍）は，行列のすべての要素を定数倍する。ベクトルも同じである。

6.1.5 行列の掛け算

式 (6.5) より，行列 $\boldsymbol{A}$ とベクトル $\boldsymbol{x}$ の掛け算 $\boldsymbol{Ax}$ の答えは

1 行目 = A の 1 行と x の内積

2 行目 = A の 2 行と x の内積

であった。ベクトル x を 2×2 行列 B に拡張しよう。A と B の掛け算をつぎのように定義する。

AB の答えの 1 列:

1 行目 = A の 1 行と B の 1 列の内積

2 行目 = A の 2 行と B の 1 列の内積

AB の答えの 2 列:

1 行目 = A の 1 行と B の 2 列の内積

2 行目 = A の 2 行と B の 2 列の内積

2×2 よりも大きなサイズに拡張すると,図 **6.1** のように

$$AB \text{ の答えの } i \text{ 行 } j \text{ 列} = A \text{ の } i \text{ 行と } B \text{ の } j \text{ 列の内積} \quad (6.11)$$

となる。これが行列の掛け算 AB である。2×2 行列でなくても,A の列数と B の行数が等しければ式 (6.11) の AB の計算を行うことができ,AB の答えの行数は A の行数と同じで,答えの列数は B の列数と同じになる。2 と 3 の積は $2 \times 3 = 3 \times 2$ のように順番を入れ替えても答えは同じだが,行列の積は多くの場合 $AB = BA$ が成り立たない。ベクトルも同じである。

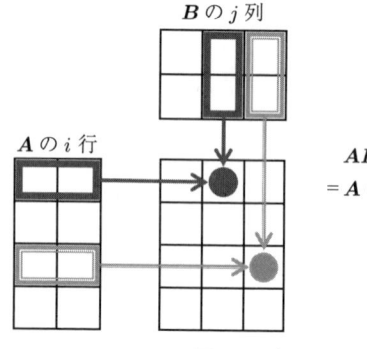

図 **6.1** 行列の掛け算

6.1.6 1 の 行 列

1, 2, x, y などの行列ではない普通の数を**スカラ**(scalar)という[†]。スカラの 1 は，$1 \times x = x \times 1 = x$ の性質をもつ．この性質をもつ行列は式 (6.11) より

$$I = \begin{bmatrix} 1 & 0 & \cdots & 0 \\ 0 & \ddots & \ddots & \vdots \\ \vdots & \ddots & \ddots & 0 \\ 0 & \cdots & 0 & 1 \end{bmatrix} \tag{6.12}$$

で与えられ，$AI = IA = A$ が成り立つ．この行列 I を**単位行列**(identity matrix)という．斜め 45°のライン上にある i 行 i 列要素を**対角要素**(diagonal element)といい，単位行列の対角要素はすべて 1，その他の要素(非対角要素)はすべて 0 である．I のサイズが 2×2 のときはつぎのようになる．

$$I = \begin{bmatrix} 1 & 0 \\ 0 & 1 \end{bmatrix}$$

6.1.7 行列の割り算

つぎの連立方程式を解くとき，$Ax = b$ の b に単位行列 I を掛けた $Ax = Ib$ に対して行う操作を確かめよう．

$$0x + 1y = 20 \to 0x + 1y = 1 \cdot 20 + 0 \cdot 30 \text{ と表す} \tag{6.13}$$

$$2x + 4y = 30 \to 2x + 4y = 0 \cdot 20 + 1 \cdot 30 \text{ と表す} \tag{6.14}$$

↓ これらの式を $Ax = Ib$ の形で表す(式 (6.3), (6.5) の関係)

$$\underbrace{\begin{bmatrix} 0 & 1 \\ 2 & 4 \end{bmatrix}}_{A} \underbrace{\begin{bmatrix} x \\ y \end{bmatrix}}_{x} = \underbrace{\begin{bmatrix} 1 & 0 \\ 0 & 1 \end{bmatrix}}_{I} \underbrace{\begin{bmatrix} 20 \\ 30 \end{bmatrix}}_{b} \tag{6.15}$$

式 (6.13) の x の係数が 0 のときは，式 (6.13) と式 (6.14) とを入れ替える．これ

[†] スカラは 1 行 1 列の行列とみなせる．

によって行列 A, I の 1 行と 2 行とが入れ替わる．入れ替わった行列を A_1, I_1 とおく．

$$2x + 4y = 0 \cdot 20 + 1 \cdot 30 \quad \leftarrow 式 (6.14)$$

$$0x + 1y = 1 \cdot 20 + 0 \cdot 30 \quad \leftarrow 式 (6.13)$$

$\downarrow$ $Ax = Ib$ の形で表す $\rightarrow$ A, I の 1 行と 2 行が入れ替わる

$$\underbrace{\begin{bmatrix} 2 & 4 \\ 0 & 1 \end{bmatrix}}_{A_1 とおく} \underbrace{\begin{bmatrix} x \\ y \end{bmatrix}}_{x} = \underbrace{\begin{bmatrix} 0 & 1 \\ 1 & 0 \end{bmatrix}}_{I_1 とおく} \underbrace{\begin{bmatrix} 20 \\ 30 \end{bmatrix}}_{b} \qquad (6.16)$$

式 (6.14) ÷ 2 を計算して $2x$ を x にする．これによって A_1 の 1 行の対角要素が 1 になる．変形後の行列を A_2, I_2 とおく．

$$x + 2y = \frac{0}{2} \cdot 20 + \frac{1}{2} \cdot 30 \quad \leftarrow 式 (6.14) \div 2 \qquad (6.17)$$

$$0x + 1y = 1 \cdot 20 + 0 \cdot 30 \quad \leftarrow 式 (6.13)$$

$\downarrow$ A_1, I_1 の 1 行 ÷ 2 と同じ $\rightarrow$ A_1 の 1 行の対角要素が 1 に

$$\underbrace{\begin{bmatrix} 1 & 2 \\ 0 & 1 \end{bmatrix}}_{A_2 とおく} \underbrace{\begin{bmatrix} x \\ y \end{bmatrix}}_{x} = \underbrace{\begin{bmatrix} 0 & \frac{1}{2} \\ 1 & 0 \end{bmatrix}}_{I_2 とおく} \underbrace{\begin{bmatrix} 20 \\ 30 \end{bmatrix}}_{b} \qquad (6.18)$$

式 (6.17) − 式 (6.13) × 2 を計算して式 (6.17) から $2y$ を消去する．これにより，A_2 の 1 行の非対角要素が 0 になる．

$$x + 0 \cdot y = (0 - 2 \cdot 1) \cdot 20 + \left(\frac{1}{2} - 2 \cdot 0\right) \cdot 30 \leftarrow 式 (6.17) - 式 (6.13) \times 2$$

$$0 \cdot x + y = 1 \cdot 20 + 0 \cdot 30$$

$\downarrow$ A_2, I_2 の 1 行 − 2 行 × 2 と同じ $\rightarrow$ A_2 の 1 行の非対角要素が 0 に

$$\begin{bmatrix} 1 & 0 \\ 0 & 1 \end{bmatrix} \begin{bmatrix} x \\ y \end{bmatrix} = \begin{bmatrix} -2 & \frac{1}{2} \\ 1 & 0 \end{bmatrix} \begin{bmatrix} 20 \\ 30 \end{bmatrix}$$

計算して解 x, y を得る．

$$\begin{bmatrix} x \\ y \end{bmatrix} = \begin{bmatrix} -2 \cdot 20 + \frac{1}{2} \cdot 30 \\ 1 \cdot 20 + 0 \cdot 30 \end{bmatrix} = \begin{bmatrix} -25 \\ 20 \end{bmatrix} \tag{6.19}$$

以上より，連立方程式を解くとき，行列 $[A\ I]$ に対して，① 行の入替え，② 行に定数を掛ける，③ ある行からある行を引く，の三つを行い，$[A\ I]$ の A の部分が I になるように変換している．この解法を**掃き出し法**（sweep–out method）といい，具体的にはつぎの手順で解く．

連立方程式 $Ax = Ib$ の行列 A, I に対し，つぎの操作を $i = 1, 2, \cdots$ の順に行えば解が求まる（A の i 行 j 列要素を a_{ij} とする）．

1) A の対角要素 a_{ii} が 1 になるように，A, I の i 行を a_{ii} で割る．もしも $a_{ii} = 0$ のときは，A, I の i 行を他の行と入れ替えてこの操作を行う．

2) A の i 列のすべての非対角要素 a_{ji} を 0 にするために，A, I の j 行から i 行 $\times a_{ji}$ を引く．

掃き出し法によって，$Ax = Ib$ は，つぎの式に変形される．

$$Ix = A^{-1}b \tag{6.20}$$

A^{-1} を A の**逆行列**という．2 行 2 列の行列 A について掃き出し法で A^{-1} を求めると次式を得る．

$$A = \begin{bmatrix} a & b \\ c & d \end{bmatrix}, \quad A^{-1} = \frac{1}{\underbrace{ad - bc}_{\text{行列式}}} \underbrace{\begin{bmatrix} d & -b \\ -c & a \end{bmatrix}}_{\text{余因子行列}} \tag{6.21}$$

A^{-1} の分母 $ad - bc$ を**行列式**（determinant），それ以外の行列の部分を**余因子行列**（adjugate matrix）という．A の行列式を $|A|$ または $\det(A)$ と表す．掃き出し法の手順 1) で，どの行を入れ替えても $a_{ii} \neq 0$ とならないとき，スカラでは $0 \cdot x = b$ を解くのと同じで，連立一次方程式 $Ax = b$ の唯一解は存在しない．$0 \cdot x = b$ を解くと $x = \frac{1}{0}b$ になり分母はゼロである．行列でも同じで $|A| = 0$ となり，A^{-1} が ∞ になる．このとき，<u>A の逆行列が存在しない</u>という．

6.1.8 三角関数

図 6.2(a) に示す直角三角形を用い，**三角関数**はつぎのように定義される。

$$\sin\theta = \frac{高さ}{斜辺} \tag{6.22}$$

$$\cos\theta = \frac{底辺}{斜辺} \tag{6.23}$$

$$\tan\theta = \frac{高さ}{底辺} \tag{6.24}$$

$$\tan^{-1}\frac{高さ}{底辺} = \theta \tag{6.25}$$

図 (a) の場合，斜辺 = 1 である。θ を**偏角**（argument）という。図の直角三角形に三平方の定理（ピタゴラスの定理）を使うと，つぎの公式を得る。

$$\sin^2\theta + \cos^2\theta = 1 \tag{6.26}$$

図 (b) に $\theta = \tan^{-1}\dfrac{b}{a}$ の a, b の符号と θ の範囲を示す。a, b の符号を見れば，θ が平面の第一象限から第四象限のどこにあるかがわかる。図 (b) より

$$\tan^{-1}\frac{-b}{a} \quad と \quad \tan^{-1}\frac{b}{-a} \tag{6.27}$$

$$\tan^{-1}\frac{b}{a} \quad と \quad \tan^{-1}\frac{-b}{-a} \tag{6.28}$$

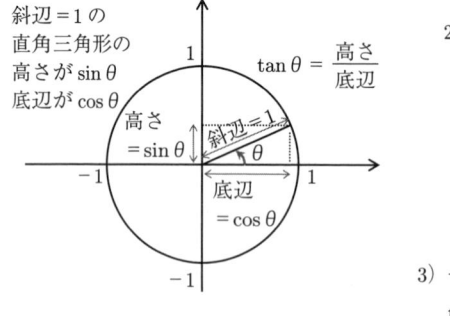

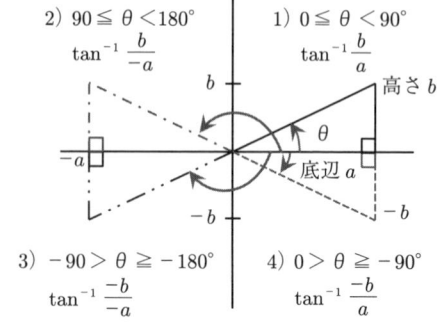

(a) sin, cos, tan の定義 (b) $\theta = \tan^{-1}\dfrac{b}{a}$ の範囲と a, b の符号

図 6.2 三角関数の定義と $\tan^{-1}\dfrac{b}{a}$ の範囲

はどちらのペアもたがいに 180° ずれていることに注意してほしい。関数電卓の atan(b/a) では，$\dfrac{-b}{a}$ と $\dfrac{b}{-a}$，それから $\dfrac{b}{a}$ と $\dfrac{-b}{-a}$ を区別できないため，答えが 180° ずれることがある。エクセルや C 言語の atan2(b,a) は，区別できるのでこの問題はない。

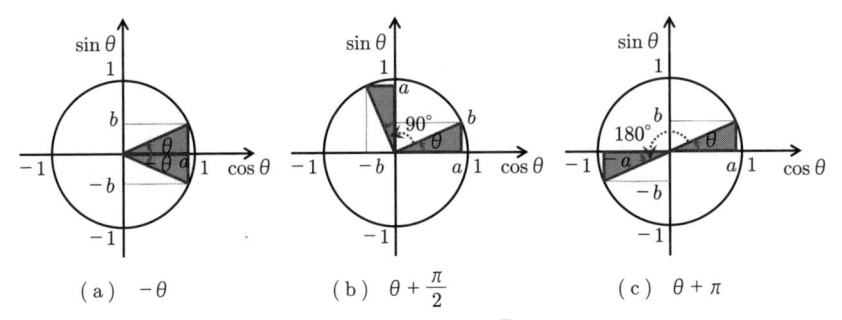

〔1〕 **三角関数の基本公式**　図 **6.3** に $\sin\theta$, $\cos\theta$ と $-\theta$, $\theta+\dfrac{\pi}{2}$, $\theta+\pi$ の関係を示す。$\cos\theta$ は斜辺が 1 の直角三角形の底辺，$\sin\theta$ は高さなので

$$\cos\theta = a, \qquad \sin\theta = b \tag{6.29}$$

である。θ を $-\theta$ にした直角三角形は図 (a) より，底辺は変わらず，高さが $-b$ になるので，つぎの公式が成り立つ。

$$\cos(-\theta) = \cos\theta, \qquad \sin(-\theta) = -\sin\theta \tag{6.30}$$

(a)　$-\theta$　　　(b)　$\theta+\dfrac{\pi}{2}$　　　(c)　$\theta+\pi$

図 **6.3**　$\sin\theta$, $\cos\theta$ と $-\theta$, $\theta+\dfrac{\pi}{2}$, $\theta+\pi$ の関係

θ を $\theta+\dfrac{\pi}{2}$ にした直角三角形は，図 (b) より，原点を中心に反時計方向に 90° 回転するので，底辺が $-b$, 高さが a になる。よって，つぎの公式が成り立つ。

$$\cos\left(\theta+\dfrac{\pi}{2}\right) = -\sin\theta \tag{6.31}$$
$$\sin\left(\theta+\dfrac{\pi}{2}\right) = \cos\theta \tag{6.32}$$

これらの式に $\theta = \theta - \dfrac{\pi}{2}$ を代入するとつぎの公式を得る。

$$\cos\theta = -\sin\left(\theta - \dfrac{\pi}{2}\right) \tag{6.33}$$

$$\sin\theta = \cos\left(\theta - \frac{\pi}{2}\right) \tag{6.34}$$

θ を $\theta+\pi$ にした直角三角形は，図（c）より，原点を中心に反時計方向に 180° 回転するので，底辺が $-a$, 高さが $-b$ になる．よって，つぎの公式が成り立つ．

$$\cos(\theta+\pi) = -\cos\theta \tag{6.35}$$
$$\sin(\theta+\pi) = -\sin\theta \tag{6.36}$$

〔2〕 **三角関数の加法定理**　　$e^{j(A+B)}$ を計算する．

$$e^{j(A+B)}$$
$$= e^{jA}e^{jB} \quad \leftarrow e^{a+b}=e^{a}e^{b}$$
$$= (\cos A + j\sin A)(\cos B + j\sin B) \quad \leftarrow \text{オイラーの公式（p.139）}$$
$$= \cos A\cos B + \cos A\, j\sin B + j\sin A\cos B + \underbrace{j^2}_{-1}\sin A\sin B$$
$$= \cos A\cos B + j(\cos A\sin B + \sin A\cos B) - \sin A\sin B$$
$$= (\cos A\cos B - \sin A\sin B) + j(\cos A\sin B + \sin A\cos B) \tag{6.37}$$

オイラーの公式より，$e^{j(A+B)} = \cos(A+B) + j\sin(A+B)$ である．これと式 (6.37) の実部同士と虚部同士とが等しいので，つぎの三角関数の加法定理を得る．

$$\text{実部}\cdots\cos(A+B) = \cos A\cos B - \sin A\sin B \tag{6.38}$$
$$\text{虚部}\cdots\sin(A+B) = \sin A\cos B + \cos A\sin B \tag{6.39}$$

6.1.9 複　素　数

2 乗すると -1 になる数 $\sqrt{-1}$ を**虚数単位**（imaginary unit）といい，高校数学では $i=\sqrt{-1}$ としたが，電気工学や機械工学では $j=\sqrt{-1}$ を用いる．なぜなら i は，電気の電流や，機械の慣性モーメントの記号として用いられることが多く，まぎらわしいからである．本書では虚数単位として j を用いる．j について次式が成り立つ．

$$j^2 = \sqrt{-1}^2 = -1 \tag{6.40}$$

$$j^3 = j^2 \cdot j = -j \quad \leftarrow 式 (6.40) より \tag{6.41}$$

$$j^4 = j^2 \cdot j^2 = -1 \cdot (-1) = 1 \quad \leftarrow 式 (6.40) より \tag{6.42}$$

よって，1 に j を掛け続けると，$1 \to j \to -1 \to -j \to 1$ の変化を繰り返す．これを横軸が実数，縦軸が虚数の平面に示すと，図 6.4 のように j を掛けるたびに半径 1 の単位円上を 90° ごとに回転し続けることがわかる．

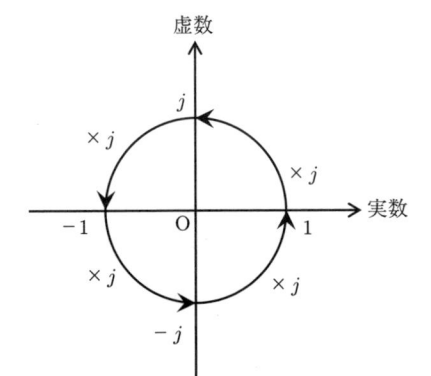

図 6.4　1 に j を掛け続けると 90° ずつ単位円上を回転する

a, b を実数として $a + jb$ の形の数を**複素数**（complex number）という．複素数

$$z = a + jb$$

に対して

　　a を z の実部，b を z の虚部

といい，それぞれ記号で

$$a = \mathrm{Re}\,[z], \quad b = \mathrm{Im}\,[z]$$

と表す．実部 $a = 0$ かつ虚部 $b \neq 0$ の $z = jb$ を**純虚数**（pure imaginary number）という．$z = a + jb$ に対して

$$\bar{z} = a - jb \tag{6.43}$$

を z の共役複素数 (conjugate complex number) という。$z = a + jb$ の絶対値を

$$|z| = \sqrt{a^2 + b^2} \tag{6.44}$$

で定義する。

複素数の四則演算は，j を文字とみなして演算し，$j^2 = -1$ を代入すればよい。その例を示す。

加： $(a_1 + jb_1) + (a_2 + jb_2) = (a_1 + a_2) + j(b_1 + b_2) \tag{6.45}$

減： $(a_1 + jb_1) - (a_2 + jb_2) = (a_1 - a_2) + j(b_1 - b_2) \tag{6.46}$

乗： $(a_1 + jb_1)(a_2 + jb_2) = a_1 a_2 + j a_1 b_2 + j b_1 a_2 + \underbrace{j^2}_{-1} b_1 b_2$

$\qquad\qquad\qquad\qquad = a_1 a_2 + j(a_1 b_2 + b_1 a_2) + (-1) b_1 b_2$

$\therefore \quad (a_1 + jb_1)(a_2 + jb_2) = (a_1 a_2 - b_1 b_2) + j(a_1 b_2 + b_1 a_2) \tag{6.47}$

除： $\dfrac{a_1 + jb_1}{a_2 + jb_2}$

$= \dfrac{a_1 + jb_1}{a_2 + jb_2} \left(\dfrac{a_2 - jb_2}{a_2 - jb_2} \right) \quad \leftarrow$ 分子分母に分母の共役複素数を掛ける

$= \dfrac{a_1 a_2 - j a_1 b_2 + j b_1 a_2 - j^2 b_1 b_2}{a_2^2 + b_2^2} \quad \leftarrow$ 式 (6.47) より

$= \dfrac{a_1 a_2 - j a_1 b_2 + j a_2 b_1 - (-1) b_1 b_2}{a_2^2 + b_2^2} \quad \leftarrow j^2 = -1$ より

$\therefore \quad \dfrac{a_1 + jb_1}{a_2 + jb_2} = \dfrac{a_1 a_2 + b_1 b_2}{a_2^2 + b_2^2} + j \dfrac{-a_1 b_2 + a_2 b_1}{a_2^2 + b_2^2} \tag{6.48}$

つぎに共役複素数の計算例を示す。複素数 $z_1 = a_1 + jb_1$，$z_2 = a_2 + jb_2$ の和に関し，次式が成り立つ。

$$\overline{z_1 + z_2} = \overline{(a_1 + a_2) + j(b_1 + b_2)} = (a_1 + a_2) - j(b_1 + b_2)$$

$$= (a_1 - jb_1) + (a_2 - jb_2)$$

$$\therefore \quad \overline{z_1 + z_2} = \overline{z_1} + \overline{z_2} \tag{6.49}$$

同様に z_1 と z_2 の積に関し，次式が成り立つ。

$$\overline{z_1 z_2} = \overline{(a_1 + jb_1)(a_2 + jb_2)} = \overline{a_1 a_2 + j(a_1 b_2 + b_1 a_2) - b_1 b_2}$$
$$= a_1 a_2 - j(a_1 b_2 + b_1 a_2) - b_1 b_2 = (a_1 - jb_1)(a_2 - jb_2)$$
$$\therefore \quad \overline{z_1 z_2} = \overline{z_1} \cdot \overline{z_2} \tag{6.50}$$

上式より，$\overline{\left(\dfrac{z_1}{z_2}\right)} \cdot \overline{z_2} = \overline{\left(\dfrac{z_1}{z_2} \cdot z_2\right)} = \overline{z_1}$ となるので，両辺を $\overline{z_2}$ で割る。

$$\therefore \quad \overline{\left(\frac{z_1}{z_2}\right)} = \frac{\overline{z_1}}{\overline{z_2}} \tag{6.51}$$

$z = a + jb$ に共役複素数 $\overline{z} = a - jb$ を掛けると，つぎのように実数になる。これを**有理化**（rationalization）という。

$$z\overline{z} = (a + jb)(a - jb) = a^2 - jab + jab - (jb)^2$$
$$= a^2 - (-1)b^2 \quad \leftarrow j^2 = -1 \text{ より}$$
$$\therefore \quad z\overline{z} = a^2 + b^2 \tag{6.52}$$

複素平面と極形式　　実数 a は数直線上に表すことができる。ところが複素数 $z = a + jb$ は，a と b の二つあるので，数直線が二つ要る。そこで図 **6.5** のように，横軸を a，縦軸を b にとった直交座標で z をベクトル (a, b) のように表す。この平面を**複素平面**（complex plane）という。横軸を**実軸**（real axis）といい，軸に Re と書く。縦軸を**虚軸**（imaginary axis）といい，軸に Im と書く。

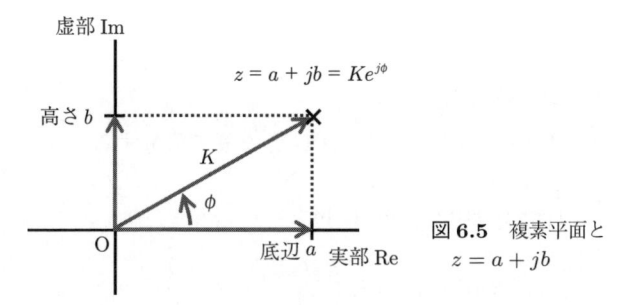

図 **6.5**　複素平面と $z = a + jb$

原点から点 $z = a + jb$ までの線を斜辺とし，横軸の実部 a を底辺，縦軸の虚部 b を高さとする直角三角形を考える。斜辺の長さを K，底辺と斜辺の間の角度（**偏角**という）を ϕ とすると，次式が成り立つ。

$$K = \sqrt{a^2 + b^2} \quad \leftarrow 三平方の定理より \tag{6.53}$$

$$\phi = \tan^{-1}\frac{b}{a} \quad \leftarrow \text{p.132, 式 (6.24)} \tag{6.54}$$

K を $|z|$, ϕ を $\angle z$ とも表す。複素平面上の点 (a, b) は，(K, ϕ) がわかれば位置を特定できる。(a, b) の代わりに (K, ϕ) で点を表すことを**極座標表示**（polar coordinates notation）という。sin と cos の定義（p.132 の式 (6.22), (6.23)）から，次式が成り立つ。

$$a = K\cos\phi \tag{6.55}$$

$$b = K\sin\phi \tag{6.56}$$

これらを $z = a + jb$ に代入すると

$$z = K\left(\cos\phi + j\sin\phi\right) \tag{6.57}$$

と表せる。これを複素数 z の**極形式**という。これに p.139 のオイラーの公式 $e^{j\theta} = \cos\theta + \sin\theta$ を用いると

$$z = Ke^{j\phi} \tag{6.58}$$

と表せる。これをフェーザ表示（p.69 参照）という。もともとの $z = a + jb$ を**直交形式**という。

6.1.10 オイラーの公式

実数 θ の関数 $f(\theta) = (\cos\theta - j\sin\theta)\,e^{j\theta}$ を θ で微分する。

$$\begin{aligned}
\frac{f(\theta)}{d\theta} &= \left(\frac{d}{d\theta}(\cos\theta - j\sin\theta)\right)e^{j\theta} \\
&\quad + (\cos\theta - j\sin\theta)\left(\frac{d}{d\theta}e^{j\theta}\right) \quad \leftarrow \frac{d}{d\theta}(pq) = \dot{p}q + p\dot{q} \\
&= (-\sin\theta - j\cos\theta)\,e^{j\theta} + (\cos\theta - j\sin\theta)\left(je^{j\theta}\right) \\
&= (-\sin\theta - j\cos\theta)\,e^{j\theta} + (j\cos\theta - \underbrace{j^2}_{-1}\sin\theta)e^{j\theta}
\end{aligned}$$

$$= (-\sin\theta - j\cos\theta + j\cos\theta + \sin\theta)\, e^{j\theta}$$
$$\therefore\ \frac{f(\theta)}{d\theta} = 0$$

したがって微分するとゼロになるので $f(\theta)$ は定数である。よって $f(\theta)$ はすべての θ で同じ値になるので $f(\theta) = f(0)$ である。よって

$$f(\theta) = f(0) = (\cos 0 - j\sin 0)\, e^{j\cdot 0} = (1-0)\cdot 1 = 1$$

となる。$f(\theta) = 1$ の両辺に $\cos\theta + j\sin\theta$ を掛けて整理する。

$$(\cos\theta + j\sin\theta) \cdot f(\theta) = (\cos\theta + j\sin\theta) \cdot 1$$
$$(\cos\theta + j\sin\theta) \cdot (\cos\theta - j\sin\theta)\, e^{j\theta} = \cos\theta + j\sin\theta$$
$$(\cos\theta + j\sin\theta) \cdot \overline{(\cos\theta + j\sin\theta)}\, e^{j\theta} = \cos\theta + j\sin\theta$$
$$\underbrace{\left(\cos^2\theta + \sin^2\theta\right)}_{1(\text{p.132 の式 (6.26)})} e^{j\theta} = \cos\theta + j\sin\theta \leftarrow \text{式 (6.52)}$$
$$\therefore\ e^{j\theta} = \cos\theta + j\sin\theta \tag{6.59}$$

よってオイラーの公式を得た。

6.2　2章の直流回路を「ナットク」する

ここでは，2章の内容を証明しよう。

6.2.1　重ね合わせの原理の証明

p.50 の重ね合わせの原理を証明しよう。

複数の抵抗，電圧源，電流源からなる電気回路を考える。電圧源の電圧と電流源の電流を $x_1, x_2, \cdots$ とする。回路内の抵抗の電圧降下や流れる電流を $y_1, y_2, \cdots$ とおく。抵抗はオームの法則より，$V = RI$ の比例関係があるので，キルヒホッフの電圧則または電流則で立てた回路方程式において，$y_1, y_2, \cdots$ のそれぞれは $x_1, x_2, \cdots$ と比例する（例えば p.47 の式 (2.29)）。したがって

$c_{11}, c_{12}, \cdots$ を比例定数とすると

$$y_1 = c_{11}x_1 + c_{12}x_2 + \cdots \tag{6.60}$$
$$y_2 = c_{21}x_1 + c_{22}x_2 + \cdots$$
$$\vdots$$

と表せる。式 (6.60) について，右辺の x_1 以外の電源をゼロにしたときの y_1 の値を y_{11} とおくと

$$y_{11} = c_{11}x_1 + c_{12} \cdot 0 + \cdots$$
$$\therefore \quad y_{11} = c_{11}x_1 \tag{6.61}$$

となる。同様に x_2 以外の電源をゼロにしたときの y_1 の値を y_{12} とおくと

$$y_{12} = c_{12}x_2 \tag{6.62}$$

となり，同様にして

$$y_{13} = c_{13}x_3 \tag{6.63}$$
$$\vdots$$

となる。式 (6.61)〜(6.63) を足す。

$$y_{11} + y_{12} + \cdots = c_{11}x_1 + c_{12}x_2 + \cdots$$

この式の右辺は，式 (6.60) の右辺と一致する。したがって

$$y_1 = y_{11} + y_{12} + \cdots \tag{6.64}$$

が成り立つ。ゆえに重ね合わせの原理が成り立つことが証明された。この原理が成り立つとき，**線形**（linear）であるという。電流と電圧とが比例関係にあるとき，その回路は線形である。

より深くナットクするために，具体的な回路方程式を行列で記述して証明しよう。電圧源の電圧と電流源の電流を要素としてもつ列ベクトルを $\boldsymbol{V}$ とする。

6.2 2章の直流回路を「ナットク」する

回路内のループ電流と節点電圧を要素としてもつ列ベクトルを I とする．抵抗はオームの法則より，電圧と電流とが比例するので，キルヒホッフの法則に基づく網目解析と節点解析で求めた回路方程式は，つぎのように行列の形式で表せる（p.125 の式 (6.3)）．

$$JV = RI \quad \leftarrow \text{網目解析では「電源の総和＝負荷の電圧降下の総和」} \tag{6.65}$$

J は $0, 1, -1$ を要素としてもつ行列，R は抵抗や抵抗の逆数を要素としてもつ行列である．I について解くと次式を得る．

$$I = MV \quad \leftarrow M = R^{-1}J \text{ とおいた} \tag{6.66}$$

電源ベクトル V の第 i 要素だけを残して他をすべてゼロにしたベクトルを V_i とすると次式が成り立つ．

$$V = V_1 + V_2 + \cdots \tag{6.67}$$

電源が V_i だけのときの回路方程式で求めたループ電流と節点電圧のベクトルを I_i とすると，式 (6.66) より $I_i = MV_i$ である．I_i をすべて足す．

$$\begin{aligned}
I_1 + I_2 + \cdots &= MV_1 + MV_2 + \cdots \\
&= M(V_1 + V_2 + \cdots) \\
&= MV \quad \leftarrow \text{式 (6.67) を代入} \\
&= I \quad \leftarrow \text{式 (6.66) を代入}
\end{aligned} \tag{6.68}$$

ゆえに重ね合わせの原理が証明された．

6.2.2 鳳・テブナンの定理の証明

p.53 の鳳・テブナンの定理を証明しよう．

図 **6.6**(a) の端子を開放した回路では，$I = 0$ である．図 (b) では

$$I_1 = 0 \tag{6.69}$$

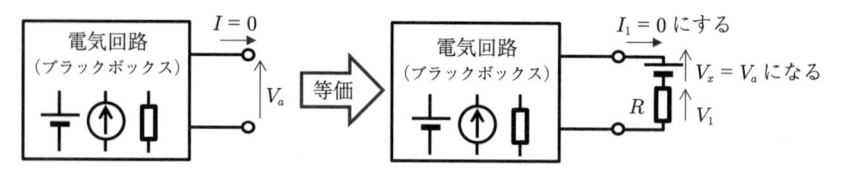

(a) V_a は開放電圧

(b) V_x を調節して $I_1 = 0$ にする

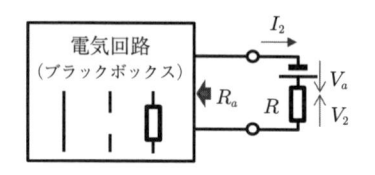

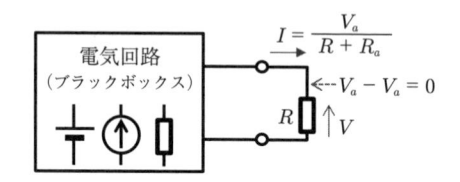

(c) 全電源を取り除いて V_a を挿入する

(d) 重ね合わせの原理で (b) と (c) の和 $I = I_1 + I_2$ を求める

図 **6.6** 鳳・テブナンの定理の証明

になるように V_x を調節している。この回路は端子を電流が流れないので，図 (a) の回路と等価である。したがって $V_x = V_a$ である。図 (c) では，この電気回路内の全電源を取り除き，負荷側に電源 V_a を挿入している。端子を流れる電流を I_2 とする。この電気回路の合成抵抗を R_a とすると，オームの法則より

$$V_a = (R + R_a) I_2$$
$$\therefore \quad I_2 = \frac{V_a}{R + R_a} \tag{6.70}$$

である。この電気回路が線形なとき，重ね合わせの原理を使うことができる。図 (b) の $V_x = V_a$ と，図 (c) の V_a とは向きが逆なので回路を重ね合わせると，たがいに相殺されて図 (d) の回路になる。そのとき，I も重ね合わせて

$$I = I_1 + I_2 \tag{6.71}$$

が成り立つ。式 (6.71) に式 (6.69)，(6.70) を代入する。

$$I = I_1 + I_2 = \frac{V_a}{R + R_a}$$
$$\therefore \quad V_a = (R + R_a) I \tag{6.72}$$

これは，R_a と R の直列接続に電圧源 V_a をつないだ回路の式である。ゆえに，

この電気回路を，V_a と R_a とを直列に接続した回路に置き換えることができる（p.54 の図 2.16（a））。

6.3　3章の交流回路を「ナットク」する

ここでは，3章の内容を理論的に裏づけよう。

6.3.1　共振の鋭さ Q と角周波数

$Q = \dfrac{\omega_c}{\omega_2 - \omega_1}$ （p.80 の式 (3.71)）が成り立つことを証明する。式 (3.65) より

$$\dfrac{1}{Z} = \dfrac{1}{R + j\left(L\omega - \dfrac{1}{C\omega}\right)}$$

$$= \dfrac{\dfrac{1}{L\omega_c}}{\underbrace{\dfrac{R}{L\omega_c}}_{Q^{-1}} + j\left(L\omega \dfrac{1}{L\omega_c} - \dfrac{1}{C\omega} \dfrac{1}{L\omega_c}\right)} \quad \leftarrow \text{分子分母} \div (L\omega_c)$$

$$= \dfrac{\dfrac{1}{L\omega_c}}{Q^{-1} + j\left(\dfrac{\omega}{\omega_c} - \dfrac{1}{C\omega}\dfrac{\omega_c}{L\omega_c^2}\right)}$$

$$= \left(\dfrac{1}{L\omega_c}\right)\dfrac{1}{Q^{-1} + j\left(\dfrac{\omega}{\omega_c} - \dfrac{\omega_c}{\omega}\right)} \quad \leftarrow \omega_c = \dfrac{1}{\sqrt{LC}} \text{を代入}$$

$$= \dfrac{k}{Q^{-1} + j\left(x - \dfrac{1}{x}\right)} \quad \leftarrow k = \dfrac{1}{L\omega_c},\ x = \dfrac{\omega}{\omega_c} \text{とおいた} \quad (6.73)$$

となる。共振のとき，$\omega = \omega_c$ より

$$x = 1, \quad \dfrac{1}{Z} = kQ \qquad (6.74)$$

になる。共振のときに $\dfrac{1}{Z}$ が最大になるので最大値は kQ である。図 3.10 より，

$\omega = \omega_1$ と $\omega = \omega_2$ のときに $\dfrac{1}{Z}$ の大きさ $\left|\dfrac{1}{Z}\right|$ が最大値の $\dfrac{1}{\sqrt{2}}$ 倍になるので，このとき式 (6.73), (6.74) より次式が成り立つ。

$$\left|\frac{k}{Q^{-1}+j\left(x-\dfrac{1}{x}\right)}\right| = \frac{kQ}{\sqrt{2}}$$

$\left|Q^{-1}+j\left(x-\dfrac{1}{x}\right)\right| = \sqrt{2}Q^{-1}$ ← 両辺を k で割り，両辺の逆数をとった

$\sqrt{Q^{-2}+\left(x-\dfrac{1}{x}\right)^2} = \sqrt{2}Q^{-1}$ ← p.136 の式 (6.44)

$Q^{-2}+\left(x-\dfrac{1}{x}\right)^2 = 2Q^{-2}$ ← 両辺を 2 乗した

$\left(x-\dfrac{1}{x}\right)^2 = Q^{-2}$

$\therefore \ x - \dfrac{1}{x} = \pm Q^{-1}$

両辺に x を掛けて整理すると，つぎの二つの二次方程式を得る。

① $x^2 + Q^{-1}x - 1 = 0$

② $x^2 - Q^{-1}x - 1 = 0$

①を解く。二次方程式 $ax^2+bx+c=0$ の解は $x = \dfrac{-b \pm \sqrt{b^2-4ac}}{2a}$ なので

$$x = \frac{-Q^{-1} \pm \sqrt{Q^{-2}+4}}{2}$$

である。$x = \dfrac{\omega}{\omega_c}$ の ω, ω_c は角周波数なので $x \geq 0$ である。よって解 x_1 を得る。

$$x_1 = \frac{-Q^{-1} + \sqrt{Q^{-2}+4}}{2} \tag{6.75}$$

②を同様にして解く。

$$x = \frac{+Q^{-1} \pm \sqrt{Q^{-2}+4}}{2}$$

$Q^{-2} < (Q^{-2}+4)$ なので，$+Q^{-1} - \sqrt{Q^{-2}+4}$ は負になってしまう。よって正の解 x_2 を得る。

$$x_2 = \frac{+Q^{-1} + \sqrt{Q^{-2}+4}}{2} \tag{6.76}$$

式 (6.73) の $x = \dfrac{\omega}{\omega_c}$ より,$x_1 = \dfrac{\omega_1}{\omega_c}$, $x_2 = \dfrac{\omega_2}{\omega_c}$ である.よって

$$\begin{aligned}
\frac{\omega_c}{\omega_2 - \omega_1} &= \frac{1}{\dfrac{\omega_2}{\omega_c} - \dfrac{\omega_1}{\omega_c}} = \frac{1}{x_2 - x_1} \\
&= \frac{1}{\dfrac{Q^{-1}+\sqrt{Q^{-2}+4}}{2} - \dfrac{-Q^{-1}+\sqrt{Q^{-2}+4}}{2}} \quad \leftarrow \text{式 (6.75), (6.76)} \\
&= \frac{1}{Q^{-1}} \\
&= Q
\end{aligned}$$

となり,$Q = \dfrac{\omega_c}{\omega_2 - \omega_1}$ (p.80 の式 (3.71)) が証明された.これを Q の定義とすることもある.

6.3.2 瞬時電力 $p(t)$ の平均値などの計算

p.88 の式 (3.89) を導こう.cos の加法定理 (p.134) と,それに $B = -B$ を代入した式を示す.

$$\cos(A+B) = \cos A \cos B - \sin A \sin B \tag{6.77}$$

$$\cos(A-B) = \cos A \underbrace{\cos B}_{=\cos(-B)} + \sin A \underbrace{\sin B}_{=-\sin(-B)} \tag{6.78}$$

(式 (6.78) − 式 (6.77)) ÷2 よりつぎの公式を得る.

$$\sin A \sin B = \frac{1}{2}(\cos(A-B) - \cos(A+B)) \tag{6.79}$$

正弦波交流 $v(t) = V\sin(\omega t + \phi_v)$, $i(t) = I\sin(\omega t + \phi_i)$ の瞬時電力 $p(t)$ (式 (3.88)) を計算する.

$$\begin{aligned}
p(t) &= v(t)\, i(t) \\
&= V\sin\underbrace{(\omega t + \phi_v)}_{\text{公式の } A} I\sin\underbrace{(\omega t + \phi_i)}_{\text{公式の } B} \quad \leftarrow \text{公式 (6.79) を使う}
\end{aligned}$$

$$= VI\frac{1}{2}(\cos(\underbrace{(\omega t + \phi_v) - (\omega t + \phi_i)}_{A-B}) - \cos(\underbrace{(\omega t + \phi_v) + (\omega t + \phi_i)}_{A+B}))$$

$$= \frac{VI}{2}(\cos(\phi_v - \phi_i) - \cos(2\omega t + \phi_v + \phi_i))$$

$$= \frac{VI}{2}(\cos\theta - \cos(\underbrace{2(\omega t + \phi_i)}_{\text{公式 (6.77) の } A} + \underbrace{\theta}_{B})) \quad \leftarrow \theta = \phi_v - \phi_i \text{とおいた}$$

$$= \frac{VI}{2}(\cos\theta - (\cos\underbrace{2(\omega t + \phi_i)}_{A}\cos\underbrace{\theta}_{B} - \sin\underbrace{2(\omega t + \phi_i)}_{A}\sin\underbrace{\theta}_{B}))$$

$$= \underbrace{\frac{VI}{2}\cos\theta}_{P \text{ とおく}}(1 - \cos(2(\omega t + \phi_i))) + \underbrace{\frac{VI}{2}\sin\theta}_{Q \text{ とおく}}\sin(2(\omega t + \phi_i))$$

$$= P(1 - \cos(2(\omega t + \phi_i))) + Q\sin(2(\omega t + \phi_i))$$

6.3.3 複素数表示と有効電力・無効電力・皮相電力

p.90 の式 (3.94)〜(3.96) を導こう。$v = Ve^{j\phi_v}$, $i = Ie^{j\phi_i}$ のとき,$v\bar{i}$ を計算する。

$$v\bar{i} = Ve^{j\phi_v}\overline{Ie^{j\phi_i}}$$

$$= Ve^{j\phi_v}I\overline{(\cos\phi_i + j\sin\phi_i)} \quad \leftarrow \text{オイラーの公式 (p.139)}$$

$$= Ve^{j\phi_v}I(\cos\phi_i - j\sin\phi_i)$$

$$= Ve^{j\phi_v}I(\cos(-\phi_i) + j\sin(-\phi_i)) \quad \leftarrow \cos(-\theta) = \cos\theta,$$
$$\sin(-\theta) = -\sin\theta$$

$$= Ve^{j\phi_v}Ie^{-j\phi_i} \quad \leftarrow \text{オイラーの公式}$$

$$= VIe^{j(\phi_v - \phi_i)} \quad \leftarrow e^a e^b = e^{a+b}$$

$$= VIe^{j\theta} = VI(\cos\theta + j\sin\theta) \quad \leftarrow \theta = \phi_v - \phi_i, \text{オイラーの公式}$$

$$\therefore \quad v\bar{i} = 2(P + jQ) \quad \leftarrow \text{式 (3.90), (3.91) を代入した}$$

これより,P,Q の式 (3.94), (3.95) がただちに得られる。この式の絶対値を求める。

$$|v\bar{i}| = |2(P+jQ)|$$
$$= \sqrt{(2P)^2 + (2Q)^2} \quad \leftarrow 式 (6.44)$$
$$= 2\sqrt{P^2 + Q^2}$$
$$\therefore \quad |v\bar{i}| = 2S \quad \leftarrow 式 (3.90), (3.91), (3.92) を代入した$$

これより, S の式 (3.96) を得る。

6.3.4 正弦波交流の平均値

p.92 の式 (3.100) を証明する。正弦波交流 $v(t) = V\sin\omega t$ の山の部分を積分してその面積を求めて半周期 $\dfrac{T}{2}$ で割り, 平均値を求める。

$$V_a = \frac{1}{T/2} \int_0^{T/2} V\sin\omega t \, dt$$

$\theta = \omega t$ とおいて t で微分すると $\dfrac{d\theta}{dt} = \omega$ となるので $dt = \dfrac{1}{\omega} d\theta$ である。積分区間 $0 < t < \dfrac{T}{2}$ は $0 < \omega t < \dfrac{\omega T}{2} = \dfrac{2\pi}{2} = \pi$ になる(一回転は 2π 〔rad〕で 1 周期 T)。これらを代入する。

$$V_a = \frac{1}{T/2} \cdot \frac{1}{\omega} \int_0^\pi V\sin(\theta)\,d\theta = \frac{1}{\pi} \int_0^\pi V\sin(\theta)\,d\theta \quad \leftarrow \omega T = 2\pi$$
$$= \frac{V}{\pi}\left[-\cos(\theta)\right]_0^\pi = \frac{V}{\pi}\left(-\cos(\pi) - (-\cos 0)\right)$$
$$= \frac{V}{\pi}\left(-(-1) - (-1)\right) = \frac{2}{\pi}V$$

よって, 平均値 $V_a = \dfrac{2}{\pi}V$ である。

6.4 4章の三相交流回路を「ナットク」する

ここでは, 4 章の内容を理論的に裏づけよう。

6.4.1 位相が 120° ずつずれた正弦波の和がゼロになることの証明

120° ずつずれた正弦波

$$u = K\sin\omega t, \quad v = K\sin\left(\omega t - \frac{2}{3}\pi\right), \quad w = K\sin\left(\omega t + \frac{2}{3}\pi\right) \tag{6.80}$$

を複素数表示（p.68）する。

$$u = K \tag{6.81}$$

$$v = Ke^{-j2\pi/3}$$
$$= K\left(\cos\left(-\frac{2}{3}\pi\right) + \sin\left(-\frac{2}{3}\pi\right)\right) \quad \leftarrow \text{オイラーの公式 (p.139)}$$

$$\therefore \quad v = K\left(-\frac{1}{2} - j\frac{\sqrt{3}}{2}\right) \tag{6.82}$$

$$w = Ke^{+j2\pi/3} = K\left(\cos\left(\frac{2}{3}\pi\right) + \sin\left(\frac{2}{3}\pi\right)\right) \quad \leftarrow \text{オイラーの公式}$$

$$\therefore \quad w = K\left(-\frac{1}{2} + j\frac{\sqrt{3}}{2}\right) \tag{6.83}$$

$u + v + w$ を計算する。

$$\begin{aligned}
u + v + w &= K + K\left(-\frac{1}{2} - j\frac{\sqrt{3}}{2}\right) + K\left(-\frac{1}{2} + j\frac{\sqrt{3}}{2}\right) \\
&= K\left(1 + \left(-\frac{1}{2} - j\frac{\sqrt{3}}{2}\right) + \left(-\frac{1}{2} + j\frac{\sqrt{3}}{2}\right)\right) \\
&= K\left(\left(1 - \frac{1}{2} - \frac{1}{2}\right) + j\left(-\frac{\sqrt{3}}{2} + \frac{\sqrt{3}}{2}\right)\right) \\
&= 0
\end{aligned} \tag{6.84}$$

ゆえに位相が 120° ずつずれた正弦波の和はゼロになる。

6.4.2 三相交流の Y 結線の線間電圧と相電圧

p.98 の式 (4.2) を導こう。p.97 の式 (4.1) の相電圧 $v_u = V\sin(\omega t)$, $v_v =$

$V\sin\left(\omega t - \dfrac{2}{3}\pi\right)$, $v_w = V\sin\left(\omega t + \dfrac{2}{3}\pi\right)$ を複素数表示 (p.68) する。式 (6.80)〜(6.83) の関係に当てはめると

$$v_u = V \tag{6.85}$$

$$v_v = V\left(-\dfrac{1}{2} - j\dfrac{\sqrt{3}}{2}\right) \tag{6.86}$$

$$v_w = V\left(-\dfrac{1}{2} + j\dfrac{\sqrt{3}}{2}\right) \tag{6.87}$$

となる。線間電圧を計算する。

$$v_{uv} = v_u - v_v = V - V\left(-\dfrac{1}{2} - j\dfrac{\sqrt{3}}{2}\right) = V\left(\dfrac{3}{2} + j\dfrac{\sqrt{3}}{2}\right)$$

$$= \sqrt{3}V\left(\dfrac{\sqrt{3}}{2} + j\dfrac{1}{2}\right) = \sqrt{3}V\left(\cos\left(\dfrac{\pi}{6}\right) + j\sin\left(\dfrac{\pi}{6}\right)\right)$$

$$\therefore \quad v_{uv} = \sqrt{3}V e^{j\pi/6} \tag{6.88}$$

$$v_{vw} = v_v - v_w = V\left(-\dfrac{1}{2} - j\dfrac{\sqrt{3}}{2}\right) - V\left(-\dfrac{1}{2} + j\dfrac{\sqrt{3}}{2}\right)$$

$$= V\left(0 - 2 \cdot j\dfrac{\sqrt{3}}{2}\right) = \sqrt{3}V\left(0 - j\right)$$

$$= \sqrt{3}V\left(\cos\left(-\dfrac{\pi}{2}\right) + j\sin\left(-\dfrac{\pi}{2}\right)\right)$$

$$\therefore \quad v_{uv} = \sqrt{3}V e^{j(\pi/6 - 2\pi/3)} \quad \leftarrow \ -\dfrac{\pi}{2} = \dfrac{\pi}{6} - \dfrac{2}{3}\pi \tag{6.89}$$

$$v_{wu} = v_w - v_u = V\left(-\dfrac{1}{2} + j\dfrac{\sqrt{3}}{2}\right) - V$$

$$= V\left(-\dfrac{3}{2} + j\dfrac{\sqrt{3}}{2}\right) = \sqrt{3}V\left(-\dfrac{\sqrt{3}}{2} + j\dfrac{1}{2}\right)$$

$$= \sqrt{3}V\left(\cos\left(\dfrac{5}{6}\pi\right) + j\sin\left(\dfrac{5}{6}\pi\right)\right)$$

$$\therefore \quad v_{wu} = \sqrt{3}V e^{j(\pi/6 + 2\pi/3)} \quad \leftarrow \ \dfrac{5}{6}\pi = \dfrac{\pi}{6} + \dfrac{2}{3}\pi \tag{6.90}$$

$e^{j\omega t}$ を掛けてそれぞれの虚部を取り出すと次式を得る。

$$\begin{cases} \text{uv間の線間電圧 } v_{uv} = v_u - v_v = \sqrt{3}V \sin\left(\omega t + \dfrac{\pi}{6}\right) \\ \text{vw間の線間電圧 } v_{vw} = v_v - v_w = \sqrt{3}V \sin\left(\omega t + \dfrac{\pi}{6} - \dfrac{2}{3}\pi\right) \\ \text{wu間の線間電圧 } v_{wu} = v_w - v_u = \sqrt{3}V \sin\left(\omega t + \dfrac{\pi}{6} + \dfrac{2}{3}\pi\right) \end{cases} \quad (6.91)$$

6.4.3 三相交流の △ 結線の相電流と線電流

p.101 の式 (4.10) を導こう。p.101 の式 (4.8) の相電流 $i_{uv} = I\sin(\omega t)$, $i_{vw} = I\sin\left(\omega t - \dfrac{2}{3}\pi\right)$, $i_{wu} = I\sin\left(\omega t + \dfrac{2}{3}\pi\right)$ を複素数表示 (p.68) する。式 (6.80)〜(6.83) の関係に当てはめると

$$i_{uv} = I \tag{6.92}$$

$$i_{vw} = I\left(-\frac{1}{2} - j\frac{\sqrt{3}}{2}\right) \tag{6.93}$$

$$i_{wu} = I\left(-\frac{1}{2} + j\frac{\sqrt{3}}{2}\right) \tag{6.94}$$

となる。線電流を計算する。

$$\begin{aligned} i_u = i_{uv} - i_{wu} &= I - I\left(-\frac{1}{2} + j\frac{\sqrt{3}}{2}\right) = I\left(\frac{3}{2} - j\frac{\sqrt{3}}{2}\right) \\ &= \sqrt{3}I\left(\frac{\sqrt{3}}{2} - j\frac{1}{2}\right) = \sqrt{3}I\left(\cos\left(-\frac{\pi}{6}\right) + j\sin\left(-\frac{\pi}{6}\right)\right) \end{aligned}$$

$$\therefore \quad i_u = \sqrt{3}I e^{j(-\pi/6)} \tag{6.95}$$

$$\begin{aligned} i_v = i_{vw} - i_{uv} &= I\left(-\frac{1}{2} - j\frac{\sqrt{3}}{2}\right) - I = I\left(-\frac{3}{2} - j\frac{\sqrt{3}}{2}\right) \\ &= \sqrt{3}I\left(-\frac{\sqrt{3}}{2} - j\frac{1}{2}\right) = \sqrt{3}I\left(\cos\left(-\frac{5}{6}\pi\right) + j\sin\left(-\frac{5}{6}\pi\right)\right) \end{aligned}$$

$$\therefore \quad i_v = \sqrt{3}I e^{j(-\pi/6 - 2\pi/3)} \quad \leftarrow -\frac{5}{6}\pi = -\frac{\pi}{6} - \frac{2}{3}\pi \tag{6.96}$$

$$\begin{aligned} i_w &= i_{wu} - i_{vw} \\ &= I\left(-\frac{1}{2} + j\frac{\sqrt{3}}{2}\right) - I\left(-\frac{1}{2} - j\frac{\sqrt{3}}{2}\right) = I\left(0 + 2 \cdot j\frac{\sqrt{3}}{2}\right) \end{aligned}$$

$$= \sqrt{3}I(0+j) = \sqrt{3}I\left(\cos\left(\frac{\pi}{2}\right) + j\sin\left(\frac{\pi}{2}\right)\right)$$

$$\therefore\ i_w = \sqrt{3}Ie^{j(-\pi/6+2\pi/3)} \quad \leftarrow \frac{\pi}{2} = -\frac{\pi}{6} + \frac{2}{3}\pi \tag{6.97}$$

$e^{j\omega t}$ を掛けてそれぞれの虚部を取り出すと次式を得る．

$$\begin{cases} \text{U の線電流}\ i_u = i_{uv} - i_{wu} = \sqrt{3}I\sin\left(\omega t - \frac{\pi}{6}\right) \\ \text{V の線電流}\ i_v = i_{vw} - i_{uv} = \sqrt{3}I\sin\left(\omega t - \frac{\pi}{6} - \frac{2}{3}\pi\right) \\ \text{W の線電流}\ i_w = i_{wu} - i_{vw} = \sqrt{3}I\sin\left(\omega t - \frac{\pi}{6} + \frac{2}{3}\pi\right) \end{cases} \tag{6.98}$$

6.5 5章の二端子対回路を「ナットク」する

ここでは，5章の内容を理論的に裏づけよう．

回路が相反性を満たすときに，各パラメータが満たす条件（p.123）を導こう．V_1, V_2, I_2 を

$$V_1 = V, \quad I_2 = I, \quad V_2 = kV \tag{6.99}$$

とおく．相反性の条件式 $\dfrac{V_1}{I_2} = \dfrac{V_2}{I_1}$ （p.122 の式 (5.46)）に代入すると

$$\frac{V}{I} = \frac{kV}{I_1} \quad \therefore\ I_1 = kI \tag{6.100}$$

となる．このとき，つぎのことが成り立つ．

① 図5.14(a) の接続をしたとき $V_1 = V$, $I_2 = I$, 出力短絡なので $V_2 = 0$
② 図5.14(b) の接続をしたとき $V_2 = kV$, $I_1 = kI$, 入力短絡なので $V_1 = 0$

〔1〕 **Y パラメータ** Y パラメータの式 (5.16)（p.113）より

$$I_1 = Y_{11}V_1 + Y_{12}V_2 \tag{6.101}$$

$$I_2 = Y_{21}V_1 + Y_{22}V_2 \tag{6.102}$$

である。式 (6.102) に条件①を当てはめる。

$$I = Y_{21}V + Y_{22} \cdot 0$$

$$I = Y_{21}V$$

$$\therefore \quad Y_{21} = \frac{I}{V} \tag{6.103}$$

式 (6.101) に条件②を当てはめる。

$$kI = Y_{11} \cdot 0 + Y_{12}kV$$

$$I = Y_{12}V$$

$$\therefore \quad Y_{12} = \frac{I}{V} \tag{6.104}$$

式 (6.103), (6.104) より式 (5.48) を得る。

$$Y_{12} = Y_{21}$$

〔2〕 **Z パラメータ**　式 (5.2) (p.108) より

$$Z_{12} = \frac{1}{Y_{11}Y_{22} - Y_{12}Y_{21}}(-Y_{12})$$

$$Z_{21} = \frac{1}{Y_{11}Y_{22} - Y_{12}Y_{21}}(-Y_{21})$$

である。これらに $Y_{21} = Y_{12}$ (式 (5.48)) を代入すると式 (5.47) を得る。

$$Z_{12} = Z_{21}$$

〔3〕 **F パラメータ**　式 (5.33) (p.119) より

$$V_1 = AV_2 + BI_2 \tag{6.105}$$

$$I_1 = CV_2 + DI_2 \tag{6.106}$$

である。式 (6.105) に条件①を当てはめる。

$$V = A \cdot 0 + B(-I) \quad \leftarrow F \text{ パラメータは } I_2 \text{ の向きが逆}$$

$$\therefore \quad V = -BI \tag{6.107}$$

6.5　5章の二端子対回路を「ナットク」する

式 (5.33) の両辺に左から F 行列の逆行列（p.131 の式 (6.21)）を掛ける。

$$\frac{1}{AD-BC}\begin{bmatrix} D & -B \\ -C & A \end{bmatrix}\begin{bmatrix} V_1 \\ I_1 \end{bmatrix} = \begin{bmatrix} V_2 \\ I_2 \end{bmatrix} \tag{6.108}$$

$$\frac{1}{AD-BC}(DV_1 - BI_1) = V_2 \quad \leftarrow 1\text{行目の式} \tag{6.109}$$

$$\frac{1}{AD-BC}(-CV_1 + AI_1) = I_2 \quad \leftarrow 2\text{行目の式} \tag{6.110}$$

式 (6.109) に条件②を当てはめる。

$$\frac{1}{AD-BC}(D \cdot 0 - BkI) = kV$$

$$\therefore \ \frac{1}{AD-BC}(-BI) = V \tag{6.111}$$

式 (6.107), (6.111) より

$$-BI = \frac{1}{AD-BC}(-BI)$$
$$1 = \frac{1}{AD-BC}$$
$$\therefore \ AD - BC = 1$$

よって式 (5.49) を得た。

─ Part III【役立つ編】─

7 これまで学んだ電気回路が「役立つ」

ここでは，これまで学んだ電気回路が実際に「役立つ」ことを理解しよう．

7.1 直流回路が役立つ

7.1.1 電気ポットで水が沸く時間

例題 7.1 ホットコーヒーを飲みたいがお湯がない．そこで，電気ポットでお湯が沸くまでの時間を調べよう．電気ポットは電力 700 W，容量 2.2 L である．25°C の水を 100°C にするまでの時間を知りたい．

【解答】 2.2 L の水は 2.2 kg である．p.57 の式 (2.50) より，必要な熱エネルギー E_1 は

$$E_1 = Cm\Delta T = 4.19 \times 10^3 \cdot 2.2 \cdot (100-25)$$
$$= 6.91 \times 10^5 \,\text{J}$$

である．電気ポットで T 秒間熱したとき，p.5 の式 (1.7) より，発生するエネルギー（電力量）E は

$$E = \int_0^T P\,dt = PT = 700T \quad [\text{J}]$$

である．電気エネルギーが 100%，熱になるとすると $E = E_1$ なので

$$700T = 6.91 \times 10^5 \quad \therefore \quad T = 987.6\,\text{s}$$

となる．$987.6 = 16 \times 60 + 27.6$ s なので，16 分 28 秒でお湯が沸く．もっと早くしたいときは，水を 2.2 L からその 10 分の 1 の 220 mL にすれば，時間も 10 分の 1 の 2 分弱になる． ◇

7.1.2 ひずみゲージとブリッジ回路によるひずみ計測

ひずみゲージ（strain gauge，ストレインゲージ）は，図 **7.1**（a）に示すようにバンソウコウほどの面積のシール状の形状で，伸縮させると電気抵抗の値が変化する。その構造は，薄くてひらひらして変形できる絶縁体の中に，細長い導線を何度も折り返して入れたものである。図（a）に示すように，ひずみゲージに対して左右の方向に引張力が働くと伸びる。すると中の導線も伸びる。元の長さ L が，伸びて $L + \Delta L$ になったとき

$$\varepsilon = \frac{\Delta L}{L} \tag{7.1}$$

をひずみという。

ひずみゲージ内の導線が伸びたとき，水路が長いほど水が流れにくくなるのと同じで，抵抗が大きくなる。逆に圧縮力が働いて縮むと抵抗が小さくなる。

（a）ひずみゲージの外観　　（b）ひずみゲージ用ブリッジ回路

（c）ひずみゲージの使用例

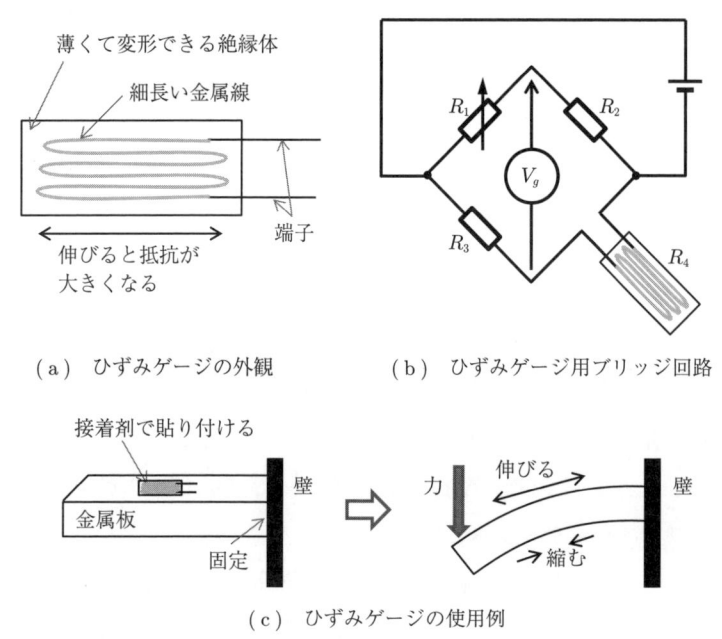

図 **7.1**　ひずみゲージとブリッジ回路

つまり，元の抵抗を R とし，これが $R + \Delta R$ に変化したとき，ひずみ ε と抵抗の変化率 $\dfrac{\Delta R}{R}$ とは比例する．その比例定数を K とすると

$$\frac{\Delta R}{R} = K\varepsilon \tag{7.2}$$

となる．K を**ゲージ率**（gauge factor）といい，ひずみゲージのデータシートなどに記載されている．これより，ΔR を計測すればひずみ ε がわかる．しかし，その抵抗値の変化 ΔR は非常に小さいため，普通のオーム計では精密に測れない．そこで図 (b) に示すように，ブリッジ回路の R_4 をひずみゲージに置き換え，バランス条件を利用してつぎの手順で計測する．

1) 伸び縮みさせる前にバランス条件の式 (2.10)（p.37）を満たして $V_g = 0$ になるように，可変抵抗 R_1 を調節する．このとき式 (2.10) より，$R_4 = \dfrac{R_2 R_3}{R_1}$ が成立している．

2) ひずみゲージが伸び縮みして R_4 が $R_4 + \Delta R_4$ に変化すると，バランス条件が崩れて V_g がゼロでなくなる．この V_g を計測する．V_g は式 (2.9) の R_4 を $R_4 + \Delta R_4$ に置き換えて次式のようになる．

$$V_g = \frac{R_2 R_3 - (R_4 + \Delta R_4) R_1}{(R_1 + R_2)(R_3 + (R_4 + \Delta R_4))} V$$

$$= \frac{\overbrace{R_2 R_3 - R_4 R_1}^{\text{バランス条件で 0}} - \Delta R_4 R_1}{(R_1 + R_2)(R_3 + (\underbrace{R_4 + \Delta R_4}_{R_4 \ll \Delta R_4 \text{より } R_4}))} V$$

$$\therefore\ V_g \simeq \frac{-\Delta R_4 R_1}{(R_1 + R_2)(R_3 + R_4)} V \tag{7.3}$$

3) R_1, R_2, R_3, R_4, V, V_g, K の値はわかっている．これらを式 (7.3) に代入して ΔR_4 を求め，ΔR_4 を式 (7.2) に代入すれば，ひずみ ε が求まる．

以上の計測方法を **1 ゲージ法**という．

ひずみゲージの使用例を図 (c) に示す．金属板の片方を壁に固定した片持ち梁のもう一方の端に荷重をかけたときのひずみを計測する．荷重をかける前に金属板の上面にひずみゲージを接着剤で貼り付けておき，上の計測手順 1) を実

施してバランス条件を満足させる。つぎに荷重をかけてから計測手順 2), 3) を実施して V_g を計測し，ひずみ ε を求める。ひずみ ε を荷重などに読みかえれば，力センサ，荷重計（ロードセル），加速度計などに応用できる。

例題 7.2 ひずみゲージで金属板に荷重をかけたときのひずみ ε を求めよう。ただし，ゲージ率 K は 2.1，R_1, R_2, R_3 とひずみゲージ R_4 はすべて 120 Ω，V は 10 V，V_g は -6.3 mV である。

【解答】 式 (7.3) に代入する。

$$V_g = -\frac{\Delta R_4 R_1}{(R_1+R_2)(R_3+R_4)}V$$

$$-6.3\times 10^{-3} = -\frac{\Delta R_4 \cdot 120}{(120+120)(120+120)}\cdot 10$$

$$-6.3\times 10^{-3} = -\frac{\Delta R_4}{4\cdot 120}\cdot 10$$

$$\therefore \Delta R_4 = 6.3\times 10^{-3}\cdot 48 = 0.3024\,\Omega$$

式 (7.2) に代入して，ひずみ ε が求まる。

$$\frac{\Delta R_4}{R_4} = K\varepsilon$$

$$\frac{0.3024}{120} = 2.1\varepsilon$$

$$\therefore \varepsilon = 0.0012$$

$\diamond$

2 ゲージ法 1 ゲージ法よりもさらに精密に計測する方法として **2 ゲージ法**がある。荷重をかけると，金属板が熱をもつことがある。このとき 1 ゲージ法では，熱によってひずみゲージ内の金属線の抵抗が大きくなり，それが誤差となってしまう†。2 ゲージ法では，同じ特性のひずみゲージを二つ用いる。図 7.1 (b) の R_4 だけでなく，R_3 もひずみゲージに置き換えて R_4 の向きとは 90° 回転させて R_4 のすぐ近くに接着剤で貼り付ける。すると，金属板に荷重をかけて伸び縮みしても，R_3 は伸び縮みの方向と 90° ずれているのでゲージ内の導線が伸び縮みしないため，抵抗が変化しない。金属板の温度が変化したこと

---

† 導体の銅は温度が低いほど電気抵抗が小さくなるが絶対零度でもゼロにはならない。一方，超電導体は温度を下げるとある温度から急激に電気抵抗がゼロになる。

による抵抗値の変化は，R_3 と R_4 とまったく同じである．そのため，式 (2.10) の $R_1 R_3 = R_2 R_4$ は維持され，温度変化の影響は受けない．ひずみを計測するときに，R_3 はひずまないで，R_4 のみがひずむ．こうすることで，温度変化の影響を除去することができる．

7.2 交流回路が役立つ

7.2.1 直列共振回路によるテレビやラジオの選局への応用

p.77 の直列共振回路は共振周波数 f_c のときに共振が起こり，合成インピーダンス Z が最小になる．これを利用して，テレビやラジオの周波数 f_c のチャンネルだけを選局できることを説明する．この用途に使うときは同調回路と呼び，回路に抵抗 R を取り付けない．コイル L が含んでしまう内部抵抗が R となるが，小さいので $R \simeq 0$ である．図 **7.2** に応用例を示す．

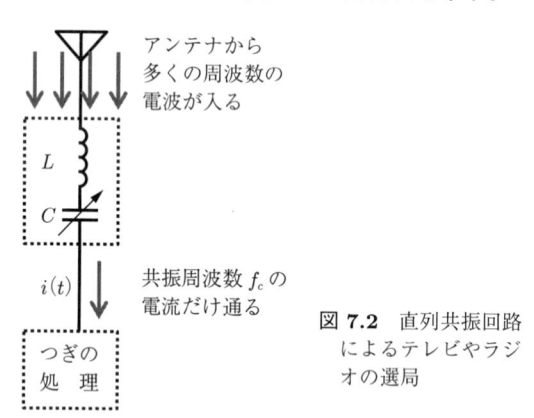

図 **7.2** 直列共振回路によるテレビやラジオの選局

アンテナから多くの周波数の信号が入るが，直列共振回路は周波数が f_c のときだけ合成インピーダンス $Z \simeq 0$ になるので，周波数 f_c の電流だけが回路を通り，つぎの処理をする回路に入ることができる．ツマミを回すなどして，電気容量 C を変更できるコンデンサ（可変コンデンサという）を使用する．それにより，f_c を変えて，さまざまなチャンネルを選局できる．

並列共振回路によるテレビやラジオの選局への応用　p.85 の実際の並列共振回路は周波数 f_c のとき，合成インピーダンス Z が最大になり，周波数 f_c の電流が通りにくくなる。この性質を利用して，直列共振回路と同じように，テレビやラジオの周波数 f_c のチャンネルだけを選局できることを説明する。この用途に使うときは同調回路と呼び，回路に抵抗 R を取り付けない。コイル L が含んでしまう内部抵抗が R となるが，小さいので $R \simeq 0$ である。図 **7.3** に応用例を示す。

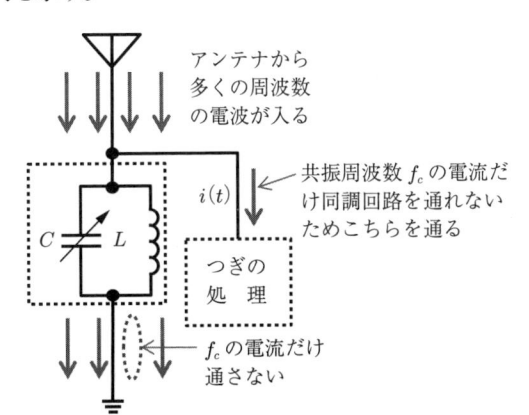

図 **7.3**　並列共振回路によるテレビやラジオの選局

　直列共振回路は，選局のつぎの処理をする回路と直列に接続するが，並列共振回路は並列に接続する。アンテナから多くの周波数の信号が入るが，並列共振回路は周波数が f_c のときだけ，合成インピーダンス $Z \simeq \infty$ となって周波数 f_c の電流だけを通さない。そのため，その電流だけが隣に並列に接続された回路に流れるので選局がなされ，つぎの処理を行うことができる。

7.2.2　変圧器と送電

　p.95 の式 (3.107) で示したように，変圧器によって交流の増幅はできるが，直流の増幅はできない。増幅すれば効率よく送電できることをここで説明する。

　図 **7.4**(a) に示すように，発電所で発電した電気は，送電線を通って各家庭，ビル，工場などに送られる。その送電線の長さは，数十〜数百 km ある。水は

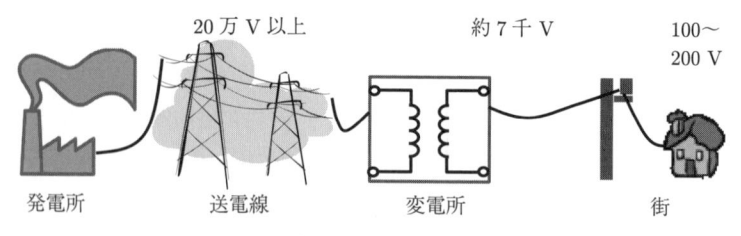

7. これまで学んだ電気回路が「役立つ」

(a) 発電所から街までの送電

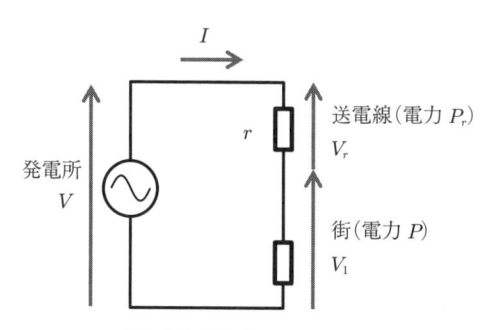

(b) 発電所から街までの送電の電気回路図

図 **7.4** 発電所と家庭をつなぐ電線と変圧器

水路が長いほど流れにくくなるのと同じで，電線が長いほど電流が流れにくくなる。そのため電線の抵抗値が大きくなり，それが電力を消費してしまう。

送電するときの電圧 V が高いほど，電線による電力の消費（損失という）が小さくなることを，これから示す。図 (b) に発電所から街までの送電の電気回路図を示す。発電所で電力 P を供給する場合を考える。送電する電圧を V とすると，電力は $P = VI$ なので流れる電流 I は

$$I = \frac{P}{V} \tag{7.4}$$

である。送電線の抵抗を r とすると，オームの法則よりその電圧降下 V_r は

$$V_r = rI \tag{7.5}$$

である。よって r の消費電力 P_r は

$$P_r = V_r I = rI^2 \tag{7.6}$$

となる。これに式 (7.4) を代入すると

$$P_r = r\left(\frac{P}{V}\right)^2 = rP^2\frac{1}{V^2} \tag{7.7}$$

となる。送電線の消費電力 P_r の分母に、送電する電圧 V の 2 乗があるため、V が大きいほうが P_r が小さくなる。例えば、V を 10 倍すれば消費電力は $\frac{1}{100}$ 倍になる。

実際の送電線では 20 万 V 以上の高電圧をかけ、電線による消費電力を小さくして送電し、街の近くの変電所や電柱の上にある変圧器で 100 V に下げて家庭に電力を供給している。ちなみに電柱の上の変圧器は灰色でバケツのような形をしている。

家庭向けの発電所と送電線の設備（発送電設備）を世界で初めてつくったのは発明王エジソンである。しかし、その電圧は直流で当時は高電圧を発電できず、110 V 程度だった。そのため送電線の消費電力が非常に大きく、送電距離は約 15 km が限界だった。もしも発電所が水力だと、山奥のダムからたった 15 km 離れた所までしか電気を届けることができないのでとても不便である。その後、別の会社が交流の発送電設備を整え、変圧器で高電圧にして遠くまで送電できるようにした。

例題 7.3 図 7.4 (b) の回路図において、送電する電圧 V を 20 万 V から 100 V に下げたとき、送電線の消費電力は何倍になるか求めよう。

【解答】 式 (7.7) より、送電線で損失してしまう電力 P_r は

$$P_r = rP^2\frac{1}{V^2}$$

である。V が 20 万から 100 になるので、その比は

$$(20 \text{万}/100)^2 = 2\,000^2 = 400 \text{万倍}$$

となり、ものすごく損失が増えてしまう。   ◇

7.3　三相交流が役立つ

三相交流による送電は，単相交流よりもつぎの三つの点でメリットがある。
(1) 電線1本で送電できる電力が大きい。
(2) つなげるだけで三相交流モータを回せる。
(3) 電力が脈動しない。

これらについて説明する。また，三相交流の3本の電線のうち，2本を接続すれば単相交流が得られるというメリットもある。

〔1〕 **電線1本で送電できる電力**　単相は電線2本，三相は電線3本で送電するので，1本当りの電力を比べると三相は単相の $\frac{2}{3}$ 倍になる。p.88 の単相交流の電力の式 (3.90) と，p.103 の三相交流の電力の式 (4.17) とを比べると，三相交流のほうが $\sqrt{3}$ 倍大きな電力を供給できる。合わせると三相の単相に対する比率は $\frac{2}{3} \times \sqrt{3} \simeq 1.15$ となる。ゆえに，三相交流は電線1本当り，単相よりも15％大きな電力を供給できる。

〔2〕 **三相交流モータ**　p.97 で説明した三相発電機に三相交流をかけると，三つの電磁石の合成磁束が回転する。中の永久磁石が回転するように合成磁束を発生させるのが三相永久磁石同期モータである。三相誘導モータは，周波数が一定の三相交流をつなげるだけで回転する。

〔3〕 **電力の脈動**　三相交流の1相の電力は，単相交流の電力と同じで，p.89 の図 3.15 の波形になる。図より，電力は電圧の2倍 (2ω) の角周波数で脈動してしまう。電力が脈動すると，モータが回転ムラを生じたり，電流や電圧のピークが定格を超えたりしてしまう。三相交流の電力は，各相の電力の和である。各相は 120° ずつずれているため，三つ足すとゼロになる (p.148)。したがって，三相電力は脈動せず，一定の値になる。

7.4 二端子対回路が役立つ

Y–Δ 変 換　Y–Δ 変換(ワイ デルタ)は，Y の形に接続した回路と，Δ の形に接続した回路が，たがいに同一の等価回路になるように変換する手法である (図 7.5)。**スターデルタ変換** (star–delta transformation) や **T–π 変換**(ティー パイ) (T–π transformation) ともいう。この変換法をキルヒホッフの法則などで導くと複雑になってしまうが，Z パラメータと Y パラメータを使えば簡単に導けることを説明する。

図 7.5　Y–Δ 変 換

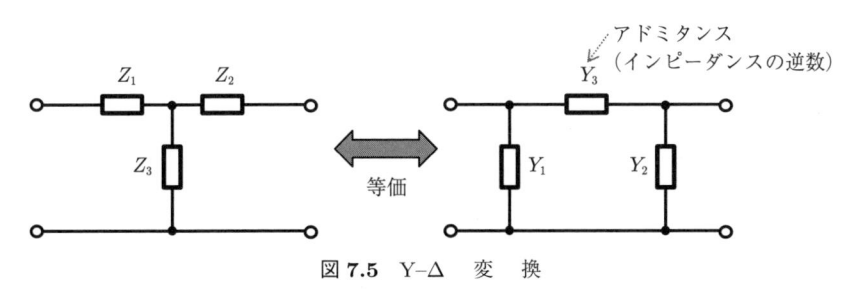

Y 回路の Z パラメータは p.110 の式 (5.8) である。Δ 回路の Y パラメータは p.115 の式 (5.24) である。この式の Y_1, Y_2, Y_3 はインピーダンスの逆数(アドミタンス)である。Z 行列と Y 行列とはたがいに逆行列の関係にあるので，p.113 の式 (5.17) に，式 (5.8) と式 (5.24) を代入する。

$$\begin{bmatrix} Y_1 + Y_3 & -Y_3 \\ -Y_3 & Y_2 + Y_3 \end{bmatrix} = \begin{bmatrix} Z_1 + Z_3 & Z_3 \\ Z_3 & Z_2 + Z_3 \end{bmatrix}^{-1}$$

$$= \frac{1}{(Z_1 + Z_3)(Z_2 + Z_3) - Z_3^2} \begin{bmatrix} Z_2 + Z_3 & -Z_3 \\ -Z_3 & Z_1 + Z_3 \end{bmatrix}$$

$$= \frac{1}{Z_1 Z_2 + Z_3 Z_1 + Z_2 Z_3} \begin{bmatrix} Z_2 + Z_3 & -Z_3 \\ -Z_3 & Z_1 + Z_3 \end{bmatrix} \quad (7.8)$$

1 行 2 列要素より，Y_3 を得る．

$$Y_3 = \frac{Z_3}{Z_1Z_2 + Z_3Z_1 + Z_2Z_3} \tag{7.9}$$

1 行 1 列要素より，$Y_1 + Y_3$ を得る．

$$\begin{aligned} Y_1 + Y_3 &= \frac{Z_2 + Z_3}{Z_1Z_2 + Z_3Z_1 + Z_2Z_3} \\ &= \frac{Z_2}{Z_1Z_2 + Z_3Z_1 + Z_2Z_3} + Y_3 \quad \leftarrow \text{式 (7.9)} \\ \therefore \ Y_1 &= \frac{Z_2}{Z_1Z_2 + Z_3Z_1 + Z_2Z_3} \end{aligned} \tag{7.10}$$

2 行 2 列要素より，$Y_2 + Y_3$ を得る．

$$\begin{aligned} Y_2 + Y_3 &= \frac{Z_1 + Z_3}{Z_1Z_2 + Z_3Z_1 + Z_2Z_3} \\ &= \frac{Z_1}{Z_1Z_2 + Z_3Z_1 + Z_2Z_3} + Y_3 \quad \leftarrow \text{式 (7.9)} \\ \therefore \ Y_2 &= \frac{Z_1}{Z_1Z_2 + Z_3Z_1 + Z_2Z_3} \end{aligned} \tag{7.11}$$

以上より，Y 回路を Δ 回路に変換する式はつぎのとおりである．

$$\begin{cases} Y_1 = \dfrac{Z_2}{Z_1Z_2 + Z_3Z_1 + Z_2Z_3} \\ Y_2 = \dfrac{Z_1}{Z_1Z_2 + Z_3Z_1 + Z_2Z_3} \\ Y_3 = \dfrac{Z_3}{Z_1Z_2 + Z_3Z_1 + Z_2Z_3} \end{cases} \tag{7.12}$$

つぎに p.113 の式 (5.18) に，式 (5.8) と式 (5.24) を代入して同様の計算を行うと，つぎの Δ 回路を Y 回路に変換する式を得る．

$$\begin{cases} Z_1 = \dfrac{Y_2}{Y_1Y_2 + Y_3Y_1 + Y_2Y_3} \\ Z_2 = \dfrac{Y_1}{Y_1Y_2 + Y_3Y_1 + Y_2Y_3} \\ Z_3 = \dfrac{Y_3}{Y_1Y_2 + Y_3Y_1 + Y_2Y_3} \end{cases} \tag{7.13}$$

回路内の三つのインピーダンスが等しいとき，Y 回路と Δ 回路のインピーダンスをそれぞれ $Z_1 = Z_2 = Z_3 = Z_Y$, $Y_1^{-1} = Y_2^{-1} = Y_3^{-1} = Z_\Delta$ とおき，式 (7.12) または式 (7.13) に代入すると次式を得る．

$$Z_\Delta = 3Z_Y \tag{7.14}$$

この式が成り立つときに二つの回路は等価となる．

7.5 伝送で役立つインピーダンス整合

ここでは，電力や信号を効率よく伝送するためにはどうすればよいかを理解しよう．

7.5.1 供給電力の最大化

実際の電源は内部抵抗を含んでしまう．そのため，負荷だけではなく，内部抵抗も電力を消費してしまう．負荷に供給できる電力を最大にするには，負荷と内部抵抗とにどのような関係があればよいかを考えよう．

7.5.2 電源が内部抵抗 r をもつとき

図 **7.6**（a）に示すように，電圧源 V の内部抵抗が r のとき，負荷 R への供給電力を最大にするには R をどうすればよいかを考える．r と R とは直列なので回路の合成抵抗は $r + R$ である．よってオームの法則より

$$I = \frac{V}{r+R} \tag{7.15}$$

である．負荷 R に I が流れるので R の電圧降下 V_l はオームの法則より

$$V_l = RI \tag{7.16}$$

である．R が消費する電力 P_l は

$$P_l = V_l I = RI^2 = R\left(\frac{V}{r+R}\right)^2 = \frac{R}{(r+R)^2}V^2 = \frac{R}{r^2+2rR+R^2}V^2$$

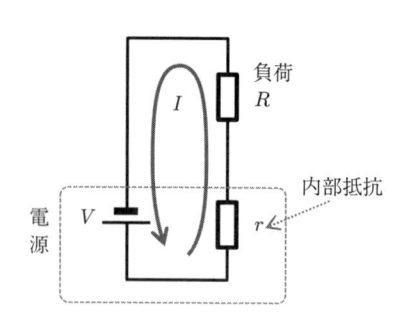

(a) 回路図 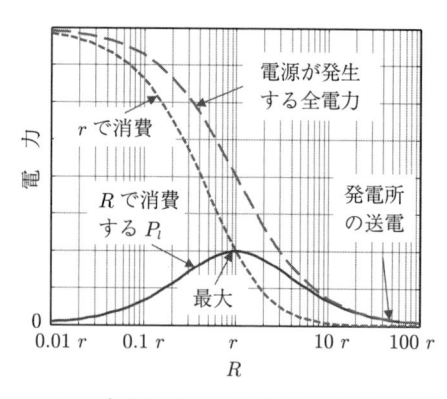　　　　　(b) 負荷抵抗 R と各部の電力 (V は一定)

図 **7.6** 内部抵抗をもつ電源と負荷と消費電力

$$= \frac{R}{r^2 - 2rR + R^2 + 4rR}V^2 = \frac{R}{(r-R)^2 + 4rR}V^2$$

$$\therefore = \frac{1}{\frac{(r-R)^2}{R} + 4r}V^2 \tag{7.17}$$

となる。$r \geq 0$, $R \geq 0$ なので P_l を最大にする R は，分母の $\frac{(r-R)^2}{R} = 0$ の解である。したがって，$R = r$ のとき負荷への供給電力が最大値 $\frac{V^2}{4r}$ をもつ。このように，電力や信号を送る側の出力インピーダンス r と受ける側の入力インピーダンス R とを等しくすることを**インピーダンス整合**（impedance matching）という。

図 (b) に電源電圧 V を一定として負荷抵抗 R を変化させたときの r と R の消費電力とそれらの合計の消費電力のグラフを示す。合計の消費電力は，電源が供給するすべての電力である。負荷 R が大きいほど，R に電圧が多く分圧されて R が消費する電力の比率が高くなるが，電流 I が小さくなるため電源が供給する電力が小さくなってしまう。そのため，グラフのように $R = r$ のときに負荷 R の消費電力 P_l が最大となる。グラフより，R が r の10倍または0.1倍になると，R の消費電力が最大値の約3割程度にまで落ちてしまう。$R = r$ で P_l が最大になるが，このとき電源が発生する電力を r と R で分け合うため，R

は半分しか消費できない．発電所から送電するときは，後述のインピーダンス変換で R を非常に大きくして R で消費する割合を大きくしている．

7.5.3 電源が出力インピーダンス Z をもつとき

つぎに正弦波交流の場合を考える．複素数表示を用い，抵抗をインピーダンスに拡張する．この場合，電源の内部抵抗を出力インピーダンスという．

図 **7.7** に示すように，電圧源 v の出力インピーダンスが z のとき，負荷 Z への供給電力を最大にするには Z をどうすればよいかを考える．z と Z とは直列なので回路の合成インピーダンスは $z+Z$ である．よってオームの法則より

$$i = \frac{v}{z+Z} \tag{7.18}$$

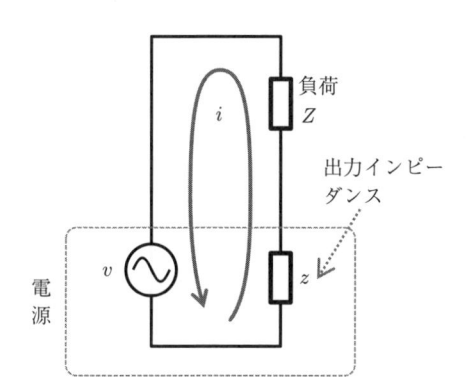

図 **7.7** 出力インピーダンスをもつ交流電源と負荷

である．負荷 Z に i が流れるので Z の電圧降下 v_l は

$$v_l = Zi \tag{7.19}$$

である．負荷が消費する有効電力 P_l は，p.90 の式 (3.94) より $P_l = \mathrm{Re}\left[\dfrac{v_l \bar{i}}{2}\right]$ である（$\bar{i}$ は i の共役複素数）．$v_l \bar{i}$ に式 (7.19), (7.18) を代入する．

$$\begin{aligned}
v_l \bar{i} &= Zi\bar{i} = Z\frac{v}{z+Z}\overline{\left(\frac{v}{z+Z}\right)} \\
&= Z\frac{v\bar{v}}{(z+Z)\overline{(z+Z)}} \quad \leftarrow \text{p.137 の式 (6.51)}
\end{aligned} \tag{7.20}$$

ここで

$$Z = R + jX, \quad z = r + jx \tag{7.21}$$

とおいて分母の $(z+Z)\overline{(z+Z)}$ に代入する。

$$\begin{aligned}
(z+Z)\overline{(z+Z)} &= ((r+jx)+(R+jX))\overline{((r+jx)+(R+jX))} \\
&= ((r+R)+j(x+X))\overline{((r+R)+j(x+X))} \\
&= (r+R)^2 + (x+X)^2 \quad \leftarrow \text{p.137 の式 (6.52)} \\
&= 4rR + (r-R)^2 + (x+X)^2 \quad \leftarrow \text{式 (7.17)}
\end{aligned} \tag{7.22}$$

$P_l = \mathrm{Re}\left[\dfrac{v_l \bar{i}}{2}\right]$ に式 (7.20), (7.21), (7.22) を代入する。

$$\begin{aligned}
P_l &= \mathrm{Re}\left[\frac{v_l \bar{i}}{2}\right] = \mathrm{Re}\left[\frac{R+jX}{4rR+(r-R)^2+(x+X)^2}\left(\frac{v\bar{v}}{2}\right)\right] \\
&= \mathrm{Re}\left[\frac{1+jXR^{-1}}{4r+((r-R)^2+(x+X)^2)R^{-1}}\left(\frac{v\bar{v}}{2}\right)\right] \leftarrow \text{分子分母} \times R^{-1} \\
\therefore\ P_l &= \frac{1}{4r+((r-R)^2+(x+X)^2)R^{-1}}\left(\frac{v\bar{v}}{2}\right) \tag{7.23}
\end{aligned}$$

$R \geqq 0,\ r \geqq 0$ なので, 負荷に供給する有効電力 P_l を最大にする $Z = R+jX$ は, 分母の $\left((r-R)^2+(x+X)^2\right)R^{-1} = 0$ の解である。これを解くと $R \geqq 0$, $r \geqq 0$ より $R = r,\ X = -x$ を得る。したがって

$$Z = \bar{z}\text{のときに } P_l \text{は最大値} \frac{1}{4r}\left(\frac{v\bar{v}}{2}\right) \tag{7.24}$$

をもつ。$Z = \bar{z}$ にすることをインピーダンス整合という。

7.5.4 インピーダンス変換

インピーダンス整合をするためには負荷のインピーダンス R を r と等しくしなければならないが, R を変更できないことが多い。その場合は, 見かけのインピーダンスを変換してインピーダンス整合させる。これを**インピーダンス変換**（impedance transformation）という。

7.5 伝送で役立つインピーダンス整合

変成器によるインピーダンス変換 理想トランス（変圧器）は，交流の電圧を増幅できる。このことを利用してインピーダンス整合できることを説明する。この用途に用いるトランスを**変成器**（transformer）と呼ぶ。図 **7.8** のように送電側と受電側の間に変成器を挿入する。このとき，p.95 の式 (3.107)，(3.108) より，巻数比が $N_1 : N_2 = 1 : n$ のとき

$$v_2 = nv_1 \tag{7.25}$$

$$i_2 = \frac{1}{n}i_1 \tag{7.26}$$

となる。ゆえに式 (5.34)（p.120）より，理想トランスの F パラメータは

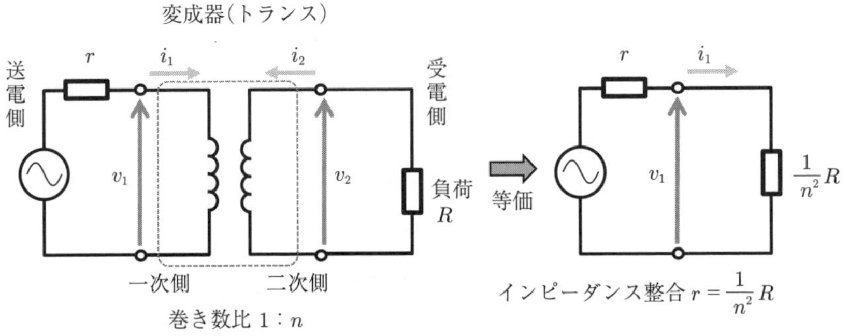

図 **7.8** 変成器によるインピーダンス変換

$$\begin{bmatrix} \frac{1}{n} & 0 \\ 0 & n \end{bmatrix} \tag{7.27}$$

である。式 (7.25), (7.26) のそれぞれの辺の比をとる。

$$\frac{v_2}{i_2} = n^2 \frac{v_1}{i_1}$$

二次側の負荷抵抗 R についてオームの法則より $v_2 = Ri_2$ である。これを代入する。

$$R = n^2 \frac{v_1}{i_1}$$

$$\therefore \quad \frac{v_1}{i_1} = \frac{1}{n^2} R$$

これはオームの法則より，一次側から見た抵抗が $\frac{1}{n^2}R$ になったことを意味する。したがって巻数比 n が

$$r = \frac{1}{n^2} R \tag{7.28}$$

を満たすように選べば内部抵抗 r に対してインピーダンス整合できる。

例えば，スピーカの入力インピーダンスは数十 Ω 以下である。スピーカにつなげるアンプの出力インピーダンスが数 kΩ である場合，インピーダンス整合するために変成器付きのスピーカを使うことが多い。また，微弱な信号しか出せないセンサと，増幅回路の間のインピーダンス整合のために使うこともある。

発電所から送電するときは，インピーダンス変換で $\frac{1}{n^2}R$ を非常に大きくすることによって，R で消費する電力を r よりもはるかに大きくしている。このとき v_1 が大きく，i_1 が小さくなる（p.159）。

7.6 ノイズ除去で役立つフィルタ

7.6.1 フィルタとは

マスクは空気を吸うときにホコリや花粉を取り除いて，空気をきれいにする。自動車やエアコンに使われるエアフィルタも同じで，ホコリなど不要なものを取り除いて空気をきれいにする。エアフィルタなどのフィルタは，必要なものだけを通し，不要なものを取り除く働きをする。

色ガラスは光学フィルタであり，つぎのように必要な色だけを通し，不要な色を通さない（図 **7.9**(a), (b)）。

- 赤いガラスは，低周波の赤（405〜480 THz）だけを通す LPF（ローパスフィルタ）である。
- 緑のガラスは，中間の周波数の緑（530〜600 THz）だけを通す **BPF**（band pass filter，バンドパスフィルタ）である。

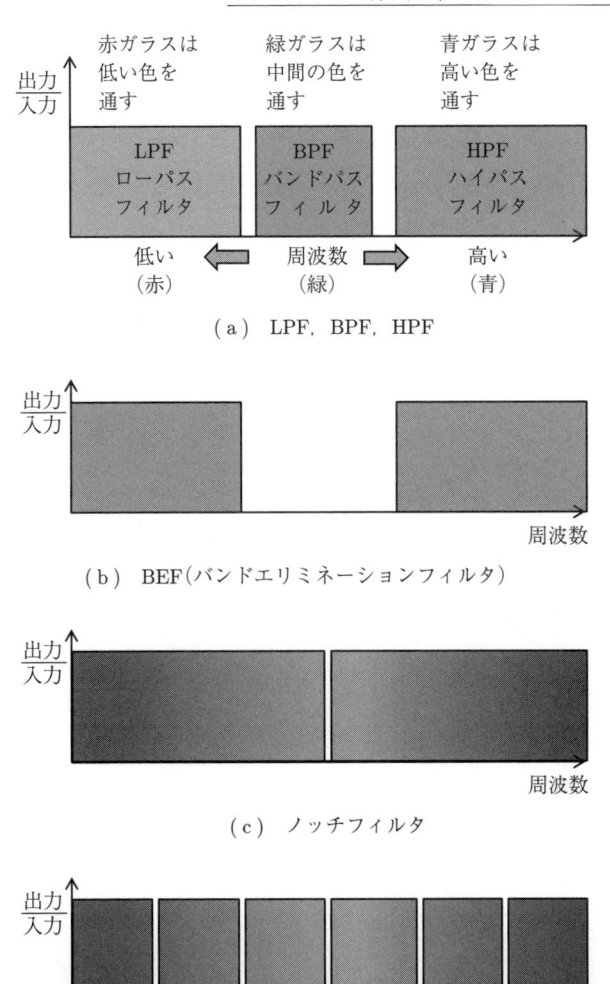

7.6 ノイズ除去で役立つフィルタ　　171

(a) LPF, BPF, HPF

(b) BEF（バンドエリミネーションフィルタ）

(c) ノッチフィルタ

(d) クシ型フィルタ

図 **7.9** フィルタの周波数特性

- 青いガラスは，高周波の青（620〜665 THz）だけを通す HPF（ハイパスフィルタ）である．
- 紫のガラスは，赤と青を通し，中間の緑を通さない **BEF**（band elimi-

nation filter，バンドエリミネーションフィルタ）である。
つまり，光学フィルタは，必要な周波数の色だけを通し，不要な周波数の色を通さない働きをする。電気回路のフィルタは，必要な周波数の電気信号だけを通し，不要な周波数の電気（ノイズ，雑音）を通さない働きをする。つまり光と電気の違いだけである。LPFなどの他につぎのフィルタがある（図7.9 (c), (d)）。

- **ノッチフィルタ**…BEFの一種で，除去する周波数の範囲が非常に狭く，ある周波数だけを鋭く除去する
- **クシ型フィルタ**…ある周波数ωとその整数倍の周波数(調波成分)を鋭く除去する

電気回路のフィルタは，音などをセンサで電気信号に変換して，必要な周波数の電気信号だけを通し，不要な周波数（ノイズ）を除去する。例えば，ケータイで通話するとき，人の声以外の音はノイズである。人の声の周波数は，100～900 Hz なので，BPFによって声以外の周波数の音を除去し，声だけを聴きやすくしている。また，スピーカのボリュームを大きくするとブーンという低い音がなることがある。これをハム音といい，電源コンセントの50または60 Hzの音である。ノッチフィルタにより，その周波数の音だけを除去すればハム音をなくすことができる。図**7.10**にフィルタによるノイズ除去の例を示す。電

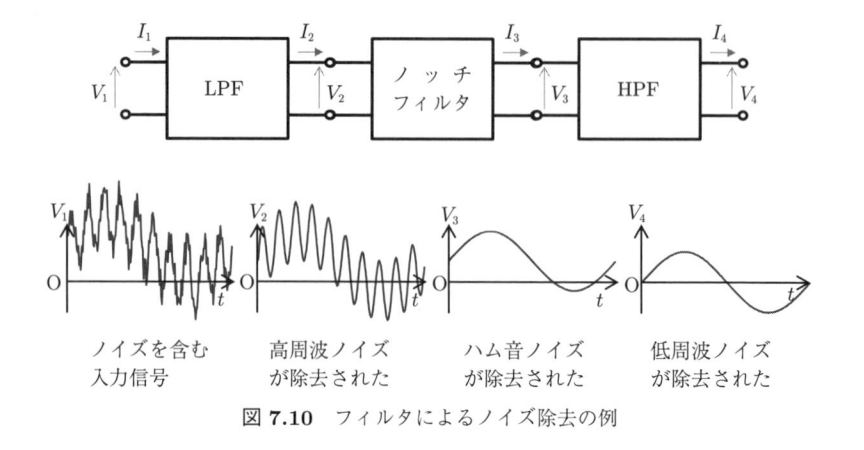

図**7.10** フィルタによるノイズ除去の例

気回路のフィルタは入力と出力をもつ二端子対回路で表せる。まずノイズを含む入力信号 V_1 を LPF に通すと，高周波ノイズを除去して V_2 を出力する。つぎに V_2 をノッチフィルタに通すと，ハム音ノイズを除去して V_3 を出力する。つぎに V_3 を HPF に通すと，ほぼ一定値の低周波ノイズを除去して V_4 を出力する。V_4 はきれいな正弦波になっている。

7.6.2　RC 直列回路と RL 直列回路による LPF と HPF

p.73 の式 (3.42), (3.43) で示したように，RL 直列回路の v_R と RC 直列回路の v_C は，電源 v との比（伝達関数）が

$$\frac{1}{Ts+1} \tag{7.29}$$

の LPF である。

p.75 の式 (3.50), (3.51) で示したように，RL 直列回路の v_L と RC 直列回路の v_R は，電源 v との比（伝達関数）が

$$\frac{Ts}{Ts+1} \tag{7.30}$$

の HPF である。これらのように，分母が s の一次式の LPF（HPF）を**一次 LPF（一次 HPF）**という。

このように R, L, C で構成するフィルタを**パッシブフィルタ**（passive filter）といい，エネルギーを消費するだけで供給しないため，つぎの問題がある。

- 増幅できない（入出力の振幅比を 1 より大きくできない）
- 入力インピーダンスを大きくすると，出力インピーダンスが大きくなってしまう。

本書ではふれないが，オペアンプを用いたアクティブフィルタにより，この問題を解決できる。

7.6.3　RC 直列回路と RL 直列回路による他のフィルタ

赤ガラスを 2 枚重ねると赤以外の色を除去する効果が二重になる。これと同

じように一次 LPF（一次 HPF）を二つ縦続接続すれば**二次 LPF**（**二次 HPF**）になり，ノイズを除去する効果が二重になる。BPF と BEF は，LPF と HPF を図 **7.11** のように接続すればつくることができる。

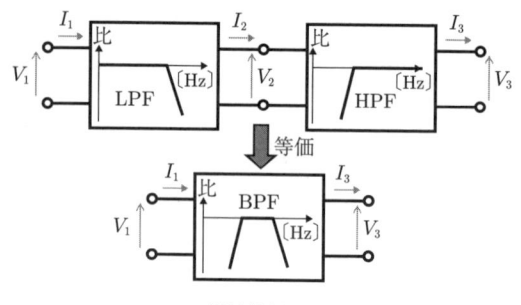

（a） 縦続接続と BPF

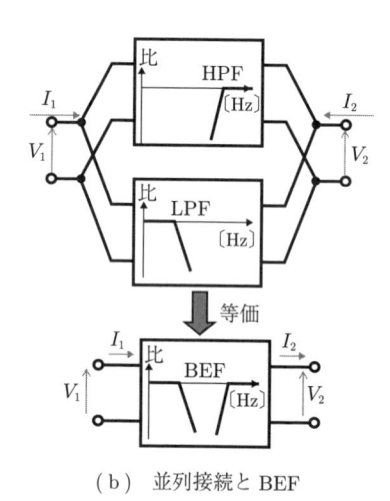

（b） 並列接続と BEF

図 7.11 BPF と BEF をつくるには

BPF は図(a)のように LPF と HPF を縦続接続する。まず LPF は入力 V_1 の高周波を除去して V_2 を出力する。つぎに，HPF は入力 V_2 の低周波を除去して V_3 を出力する。V_3 は高周波と低周波が除去されるため，中間の周波数のみ残る。

BEF は図 (b) のように LPF と HPF を並列接続する。低周波では LPF が電圧を発生し，高周波では HPF が電圧を発生するが，中間の周波数ではどちらも電圧を発生しない。そのため，出力 V_2 は中間の周波数のみ除去される。

例題 7.4 p.121 の図 5.13 の RC 直列回路を二つ縦続接続した回路の入力電圧 v_i と出力電圧 v_o の関係を求めよう。ただし，入力インピーダンスが ∞ の理想の電圧計で v_o を計測する場合を想定して出力電流 $i_o = 0$ とする。

【解答】 RC 直列回路の F パラメータは式 (5.45) である。二端子対回路を縦続接続した回路の F 行列は，元の F 行列の積である（p.121）。よって

$$\begin{bmatrix} v_i \\ i_i \end{bmatrix} = \begin{bmatrix} CRs+1 & R \\ Cs & 1 \end{bmatrix} \begin{bmatrix} CRs+1 & R \\ Cs & 1 \end{bmatrix} \begin{bmatrix} v_o \\ i_o \end{bmatrix}$$

$$\therefore \quad = \begin{bmatrix} (CRs+1)^2 + CRs & (CRs+1)R + R \\ Cs(CRs+1) + Cs & CRs+1 \end{bmatrix} \begin{bmatrix} v_o \\ i_o \end{bmatrix} \quad (7.31)$$

となる。1 行目より

$$v_i = \left((CRs+1)^2 + CRs\right) v_o + (CRs+2) R i_o$$

を得る。$i_o = 0$ を代入して

$$v_i = \left((CRs+1)^2 + CRs\right) v_o$$

$$\therefore \quad v_o = \frac{1}{(CRs+1)^2 + CRs} v_i \quad (7.32)$$

となる。これはカットオフ角周波数 $\dfrac{1}{CR}$ 〔rad/s〕の 2 次 LPF である。　　◇

7.6.4　ツイン T ノッチフィルタ

図 7.11 (b) で示した BEF の設計法に沿って，**図 7.12 のツイン T ノッチフィルタ**というノッチフィルタを設計しよう。図 7.12 は LPF と HPF を並列に接続した回路で，LPF，HPF ともに Y 回路である。LPF の Z パラメータを $\boldsymbol{Z}_L$，HPF を $\boldsymbol{Z}_H$ とすると，Y 回路の Z パラメータの式 (5.8)（p.110）より

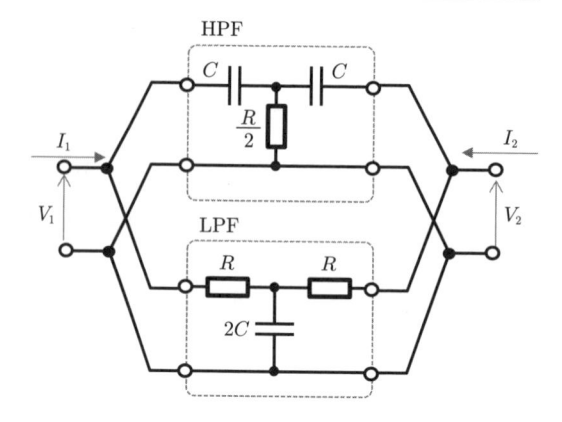

7. これまで学んだ電気回路が「役立つ」

図 7.12 ツイン T ノッチフィルタ

$$Z_L = \begin{bmatrix} R + \dfrac{1}{2Cs} & \dfrac{1}{2Cs} \\ \dfrac{1}{2Cs} & R + \dfrac{1}{2Cs} \end{bmatrix}, \quad Z_H = \begin{bmatrix} \dfrac{1}{Cs} + \dfrac{R}{2} & \dfrac{R}{2} \\ \dfrac{R}{2} & \dfrac{1}{Cs} + \dfrac{R}{2} \end{bmatrix}$$
(7.33)

である。理想の電圧計で出力 V_2 を計測することを想定する。このとき，電圧計の入力インピーダンスが ∞ なので $I_2 = 0$ である。Z 行列の式 (5.2) に $I_2 = 0$ と式 (7.33) を代入して入出力比 $\dfrac{V_2}{V_1}$ を計算すると

LPF では $\dfrac{1}{2CRs + 1}$ (7.34)

HPF では $\dfrac{CRs/2}{CRs/2 + 1}$ (7.35)

となる。p.74 の式 (3.44), (3.48) より，LPF のカットオフ角周波数は $\dfrac{1}{2CR}$ 〔rad/s〕である。p.75 の式 (3.52), (3.54) より，HPF のカットオフ角周波数は $\dfrac{2}{CR}$ 〔rad/s〕である。

p.117 の式 (5.29) より，並列接続した回路の Y 行列は，元の Y 行列を足すだけで求まる。p.113 の式 (5.17) より，Y 行列は Z 行列の逆行列である。したがって，LPF と HPF を並列接続した図 7.12 の回路の Y 行列は

$$Z_L^{-1} + Z_H^{-1} \tag{7.36}$$

7.6 ノイズ除去で役立つフィルタ

である。この Y 行列と $I_2 = 0$ とを，p.113 の式 (5.16) に代入して入力インピーダンスを求めると

$$\frac{V_2}{V_1} = \frac{-Y_{21}}{Y_{22}} = \frac{(CRs)^2 + 1}{(CRs)^2 + 4CRs + 1} \tag{7.37}$$

となる。$s = j\omega$ を代入すると，$\omega = \dfrac{1}{CR}$ 〔rad/s〕のとき $\dfrac{V_2}{V_1} = 0$ となる。これは $\dfrac{1}{CR}$ 〔rad/s〕の角周波数の電圧を完全に遮断することを意味する。

引用・参考文献

1) 中野人志, 浅居正充：解いてなっとく身につく電気回路, コロナ社 (2012)
2) 黒木修隆：OHM 大学テキスト 電気回路 I, II, オーム社 (2012)
3) 足立修一, 森 大毅：電気回路の基礎, 東京電機大学出版 (2007)
4) 高橋 寛, 岩澤孝治, 中村征壽, 白川 真：絵ときでわかる電気回路, オーム社 (2001)
5) 不動弘幸：電験三種 完全攻略 改訂 4 版, オーム社 (2013)
6) http://ja.wikipedia.org/wiki/オイラーの公式
7) 青木貴史, 大野泰生, 尾崎 学, 佐久間一浩, 中村弥生：線形代数学 28 講, 培風館 (2009)

索　　引

【あ】

アース	5
アドミタンス	70
アドミタンス行列	113
網目解析	44
網目電流法	44

【い】

位　相	60, 62
位相角	60
位相差	62
1ゲージ法	156
一次電池	38
一次方程式	124
一次 HPF	173
一次 LPF	173
インダクタ	14
インダクタンス	16
インピーダンス	67
インピーダンス行列	108
インピーダンス整合	166, 168
インピーダンス変換	168

【え】

エネルギー	4
エネルギー（コイルの）	19, 56
エネルギー（コンデンサの）	24, 56
エネルギー（抵抗の）	55
エレキテル	20

【お】

遅れ	62
オープン	29
オーム計	35
オームの法則	2

【か】

開　放	29
可　逆	123
可逆性	123
角周波数	60
角速度	60
重ね合わせの原理	50, 139
重ね合わせの理	50
カスケード接続	120
片持ち梁	156
可変抵抗	28
カラーコード	29

【き】

起電力	40
基本行列	119
逆行列	131
キャパシタ	20
キャパシタンス	21
行	125
共振角周波数	79, 84
共振周波数	79, 84
共振の鋭さ Q	80, 143
行　数	126
行ベクトル	124
共役複素数	136
行　列	125

【こ】

行列式	131
極形式（複素数の）	138
極座標表示（複素数の）	138
虚　軸	137
虚数単位	134
虚　部	135
許容電流	19, 58
キルヒホッフの電圧則	7
キルヒホッフの電流則	6
キルヒホッフの法則	6

【く】

矩形波	59
クシ型フィルタ	172
グランド	5

【け】

ゲージ率	156
結合係数	94
原子力電池	39

【こ】

コイル	14
——の読み方	30
合成抵抗	8
合成抵抗（直列接続の）	9
合成抵抗（並列接続の）	13
光電池	38
交　流	59
交流回路の電力	88
交流電圧源	28
コンダクタンス	70
コンデンサ	20
——の読み方	30

180　索　　　引

【さ】

サイズ	126
鎖交磁束数	16
サセプタンス	70
三角関数	132
──の加法定理	134
三角結線	100
三角波	59
三相交流	97, 162
三相電源	97
三相負荷	97

【し】

磁気抵抗	16
自己インダクタンス	16
仕　事	4
仕事率	4
次　数	124
自然放電	38
磁　束	15
実効値	91
実　軸	137
実　部	135
周　期	59, 61
縦続行列	119
縦続接続（二端子対回路の）	120, 121
周波数	60
主磁束	94
出力インピーダンス	40
純虚数	135
瞬時電力	88
消費電力（コイルの）	55
消費電力（コンデンサの）	55
消費電力（抵抗の）	54
ショート	29
磁力線	14
振　幅	60

【す】

スイッチ	29
スカラ	129
進　み	62
スター回路	109
スター結線	97
スターデルタ変換	163
ストレインゲージ	155

【せ】

正弦波	59
正弦波交流	59, 60
──を解く手順	68
静電容量	21
絶縁体	1
絶対値（複素数の）	136
接　地	5
節　点	6
節点解析	48
節点電位法	48
線間電圧	98
線　形	51, 140
線電流	99

【そ】

相互インダクタンス	93
送　電	159
相電圧	97
相電流	99
相　反	123
相反性	123
増　幅	118
ソレノイド	14

【た】

耐　圧	24, 58
対角要素	129
対称三相交流	97
耐電圧	24, 58
太陽電池	38
単　位	25
──の接頭語	26
単　位（電気の）	26
単位行列	129
端子電圧	40
単相交流	96

短　絡	29

【ち】

中性点	96
中性点電位	96
重畳の理	50
直流電圧源	27
直列共振	84
直列共振回路	77, 78, 158
直列接続（電圧源の）	41
直列接続（電池の）	41
直列接続（二端子対回路の）	110, 111
直交形式（複素数の）	138

【つ】

ツインTノッチフィルタ	175

【て】

定格電圧	24, 58
定格電流	19, 58
定格電力	5, 58
抵　抗	1
抵抗計	35
テブナンの定理	53
デルタ回路	114
デルタ結線	100
電　圧	1, 2
電圧計	33
電圧源	27
電　位	2
電位差	2
電　荷	20
電気抵抗	1
電気と水の流れの対比	25
電気容量	21
電気量	20
電　源	2
電磁石	14
伝送行列	119
伝達関数	74
電　池	38
電　流	1, 3

電流計 32
電流源 27
電流源と電圧源の変換 43
電　力 5
電　力（抵抗の） 5
電力量 5
電力量（抵抗の） 5

【と】
等価電圧源の定理 53
導　線 1
導　体 1
同調回路 158
トランジスタ 118
トランス 93, 169

【な】
内　積 124
内部抵抗 33

【に】
2 ゲージ法 157
二次電池 38
二次 HPF 174
二次 LPF 174
二端子対回路 107
入力インピーダンス 34
ニュートンの運動方程式 17

【ね】
熱エネルギー 57
熱エネルギー（水の） 57
熱電池 39
熱　量 57
粘性摩擦係数 4
粘性摩擦力 4
燃料電池 38

【の】
ノコギリ波 59
ノッチフィルタ 172, 175
ノード解析 48
ノートンの定理 54

【は】
ハイパスフィルタ 73, 75, 171
ハイブリッド行列 118
ハイブリッドパラメータ 118
掃き出し法 131
パッシブフィルタ 173
ばね・マス・ダンパ系 81
ハム音 172
バランス条件 37
パルス波形 59
パルス幅変調 119
反共振 84
バンドエリミネーションフィルタ 172
バンドパスフィルタ 170

【ひ】
ひずみ 155
ひずみゲージ 155
皮相電力 88, 90
非対角要素 129
非対称三相交流 97
比　熱 57
微分回路 76

【ふ】
ファラデーの電磁誘導の法則 16
ファンダメンタル行列 119
フィルタ 73, 170
フェーザ表示 69, 138
複素数 135
複素数表示 65, 69
複素平面 69, 137
フックの法則 22
ブリッジ回路 35
分　圧 10
分　流 13

【へ】
平均値 92

【索引】

平衡条件 37
並列共振 84
並列共振回路 83, 85, 88, 159
並列接続 13, 116
並列接続（電圧源の） 42
閉　路 7
閉路解析 44
ベクトル 124
ペルチェ素子 39
変圧器 93, 159
偏角（三角関数の） 132
偏角（複素数の） 137
変成器 93, 169

【ほ】
ホイートストンブリッジ回路 35
鳳・テブナンの定理 53, 141
星形結線 98
ボリューム 28

【む】
無効電力 88–90

【め】
メッシュ解析 44

【も】
漏れ磁束 94
漏れ電流 23

【ゆ】
有効電力 88–90
誘電率 21
誘導性インピーダンス 70
有理化 137

【よ】
余因子行列 131
要　素 124
容量性インピーダンス 70

索引

4端子回路　107

【り】
リアクタンス　70
力率　88, 90
理想トランス　95
理想変圧器　95

【る】
ループ　7
ループ解析　44
ループ電流　7

【れ】
レジスタンス　70

【ろ】
ローパスフィルタ　73, 170

列　126
列数　126
列ベクトル　124
連立一次方程式　125

【A】
ABCDパラメータ　119
A–D変換器　33

【B】
BEF　171
BPF　170

【C】
cos　132

【E】
emf　40
eneloop　38

【F】
F行列　119
Fパラメータ　119
Fパラメータ（理想トランスの）　169

【H】
hパラメータ　118
HPF　73, 171

【I】
Im　135

【L】
LPF　73, 170

【P】
PWM　119

【Q】
Q　80
Q値　80

【R】
RC直列回路　72
Re　135
RL直列回路　70
RLC　57, 58
RLC直列回路　77
RLC並列回路　83, 85

【S】
sin　132

【T】
T回路　109
tan　132
$\tan^{-1}$　132
T–π変換　163

【Y】
Y回路　109
Y行列　113
Y結線　97
Y結線の回路　109
Yパラメータ　113
Yパラメータ（Δ回路の）　115
Y–Δ変換　163

【Z】
Z行列　108
Zパラメータ　108
Zパラメータ（Y回路の）　110

【ギリシャ文字】
Δ回路　114
Δ結線　100
　——の回路　114
π回路　114

―― 著者略歴 ――

- 1989年 大阪府立大学工学部電子工学科卒業
- 1991年 大阪府立大学大学院工学研究科博士前期課程修了
  （電子工学専攻）
- 1991年 ダイキン工業株式会社 電子技術研究所
- ～
- 2001年
- 1999年 大阪府立大学大学院工学研究科博士後期課程修了
  （電気情報系専攻）
  博士（工学）
- 2001年 近畿大学講師
- 2006年 近畿大学助教授
- 2011年 近畿大学教授
  現在に至る

高校数学でマスターする電気回路 ――水の流れで電気を実感――
Electric Circuit Based on High School Math
――Using Analogy between Electricity and Water Flow――

© Manabu Kosaka 2015

2015年4月30日 初版第1刷発行 ★
2020年9月20日 初版第3刷発行

検印省略	著　者	小　坂　　　学 (こさか まなぶ)
	発行者	株式会社　コロナ社
		代表者　牛来真也
	印刷所	三美印刷株式会社
	製本所	有限会社　愛千製本所

112-0011 東京都文京区千石 4-46-10
発行所　株式会社　コロナ社
CORONA PUBLISHING CO., LTD.
Tokyo Japan

振替 00140-8-14844・電話(03)3941-3131(代)
ホームページ https://www.coronasha.co.jp

ISBN 978-4-339-00876-0　C3054　Printed in Japan　（金）

[JCOPY] <出版者著作権管理機構 委託出版物>

本書の無断複製は著作権法上での例外を除き禁じられています。複製される場合は，そのつど事前に，出版者著作権管理機構（電話 03-5244-5088, FAX 03-5244-5089, e-mail: info@jcopy.or.jp）の許諾を得てください。

本書のコピー，スキャン，デジタル化等の無断複製・転載は著作権法上での例外を除き禁じられています。購入者以外の第三者による本書の電子データ化及び電子書籍化は，いかなる場合も認めていません。
落丁・乱丁はお取替えいたします。

電気・電子系教科書シリーズ

(各巻A5判)

- ■編集委員長　高橋　寛
- ■幹　事　湯田幸八
- ■編集委員　江間　敏・竹下鉄夫・多田泰芳
　　　　　　中澤達夫・西山明彦

	配本順		頁	本体
1.	(16回)	電気基礎　柴田尚志・押田京一 共著	252	3000円
2.	(14回)	電磁気学　多田泰芳・柴田尚志 共著	304	3600円
3.	(21回)	電気回路Ⅰ　柴田尚志 著	248	3000円
4.	(3回)	電気回路Ⅱ　遠藤　勲・鈴木靖純・吉澤純夫・降矢己之雄・福吉正郎 共著	208	2600円
5.	(29回)	電気・電子計測工学（改訂版）―新SI対応―　吉田典和・降矢英明・福吉彰二 共著	222	2800円
6.	(8回)	制御工学　下西平木西奥堀正立鎮幸 共著	216	2600円
7.	(18回)	ディジタル制御　青西俊　俊幸 共著	202	2500円
8.	(25回)	ロボット工学　白水俊次 著	240	3000円
9.	(1回)	電子工学基礎　中澤達夫・藤原勝幸 共著	174	2200円
10.	(6回)	半導体工学　渡辺英夫 著	160	2000円
11.	(15回)	電気・電子材料　中澤・押田・森山・服部 共著	208	2500円
12.	(13回)	電子回路　須田健二 共著	238	2800円
13.	(2回)	ディジタル回路　土伊若澤海賀下山進博弘昌 共著	240	2800円
14.	(11回)	情報リテラシー入門　室山夫純也巌 共著	176	2200円
15.	(19回)	C++プログラミング入門　湯田幸八 著	256	2800円
16.	(22回)	マイクロコンピュータ制御プログラミング入門　柚賀谷千代正光慶 共著	244	3000円
17.	(17回)	計算機システム（改訂版）　春日泉舘田原雄健治 共著	240	2800円
18.	(10回)	アルゴリズムとデータ構造　湯伊前田谷幸八博充弘 共著	252	3000円
19.	(7回)	電気機器工学　前新邦敏 著	222	2700円
20.	(9回)	パワーエレクトロニクス　江口高橋勲 共著	202	2500円
21.	(28回)	電力工学（改訂版）　甲斐隆章・三木成彦・吉川　英 共著	296	3000円
22.	(5回)	情報理論　木下章 著	216	2600円
23.	(26回)	通信工学　竹下鉄夫・吉川英機 共著	198	2500円
24.	(24回)	電波工学　松田豊稔・宮田克正・南部幸久 共著	238	2800円
25.	(23回)	情報通信システム（改訂版）　桑原裕月原史 共著	206	2500円
26.	(20回)	高電圧工学　植松・箕田・月原・植松 共著	216	2800円

定価は本体価格+税です。
定価は変更されることがありますのでご了承下さい。

◆図書目録進呈◆